九型人格的自我说明书

李问渠 编著

武汉出版社
WUHAN PUBLISHING HOUSE

(鄂)新登字08号

图书在版编目(CIP)数据

九型人格的自我说明书/李问渠编著. —武汉：
武汉出版社,2010.7（2018.12重印）
ISBN 978-7-5430-5078-5

Ⅰ.①九… Ⅱ.①李… Ⅲ.①人格心理学–通俗读物
Ⅳ.①B848-49

中国版本图书馆 CIP 数据核字（2010）第 100629 号

书名：九型人格的自我说明书

编　　著： 李问渠
本书策划： 李异鸣
特约编辑： 李婷婷
责任编辑： 王圆圆
装帧设计： 象上品牌设计
出　　版： 武汉出版社
社　　址： 武汉市江岸区兴业路136号　邮　编：430014
电　　话： (027)85606403　85600625
　　　http://www.whcbs.com　　　E-mail：wuhanpress@126.com
印　　刷： 北京高岭印刷有限公司
经　　销： 新华书店
开　　本： 787mm×1092mm　1/16
印　　张： 11.5　　**字　　数：** 183千字
版　　次： 2010年7月第1版　2018年12月第2次印刷
定　　价： 59.80元

版权所有　侵权必究
如有质量问题,由承印厂负责调换。

前言 Foreword

日本保险业泰斗原一平在27岁时进入日本明治保险公司开始推销生涯。当时，他穷得连中餐都吃不起，并露宿公园。

有一天，他向一位老和尚推销保险，等他详细说明之后，老和尚平静地说："听完你的介绍之后，丝毫引不起我投保的意愿。"

老和尚注视原一平良久，接着又说："人与人之间，像这样相对而坐的时候，一定要具备一种强烈吸引对方的魅力，如果你做不到这一点，将来就没什么前途可言了。"

原一平哑口无言，冷汗直流。

老和尚又说："年轻人，先努力改造自己吧！"

"改造自己？"

"是的，要改造自己，首先必须认识自己，你知不知道自己是一个什么样的人呢？"

老和尚又说："你在替别人考虑保险之前，必须先考虑自己，认识自己。"

"先考虑自己？认识自己？"

"是的，赤裸裸地注视自己，毫无保留地彻底反省，然后才能认识自己。"

从此，原一平开始努力认识自己，改善自己，大彻大悟，终于成为一代推销大师。

的确，只有认识自己，才能改造自己。在希腊达尔斐神庙的门楣上有这样一句话：认识你自己。的确，只有认识了自己，我们才能知道什么职业适合自己做，如何才能让他人喜欢自己。但是，人最困难的就是认识自己。

俗语说：旁观者清，当局者迷。认识自己，不光要认识自己的外表，还要认识自己的心理，自己的能力、个性等等。那么，该如何认识自己呢？

九型人格是一门关于性格的精深学问，它是认识自我的工具，也是人际交往的重要法宝。九型人格的起源非常久远，大概要追溯自西元前2500年或者更早。相传，它发源于苏菲教派，用以开启教众的灵性，数千年来一直都是以秘密的方式流传。而其玄妙之处在于，每一个前去请求解决困扰的人，都能得到非常满意的解答。最妙的是相同的问题，每个人得到的解答也并不相同。如太极、八卦图案一样，蕴含玄机，是为追求灵性的一个工具。西元1920年，九型人格传入西方，用以阐释人类的九种性质。如今，九型人格测试已成为斯坦福大学商学院的必修课程，来自苹果、宝洁等世界500强企业的员工和管理者都在分享这一全球通行的识人秘笈的巨大魅力。

九型人格把人所有的特征归纳概括为9种基本的人格类型：完美主义者、给予者、实干者、浪漫者、思考者、忠诚者、活跃者、领导者和调停者。每种人格类型都秉持不同的原则，并在此基础上形成自己独有的关注点、压力源和动力源。

所以说，只有弄清你是哪种类型的人，你才能真正地认识自己，完全接纳自己的弱点，发挥自己的优势，懂得与不同的人沟通相处。如果一个人没有办法自己跳出来用第三只眼睛来看自己的话，是没有办法做自己的教练的。九型人格还会帮助你提高洞察力和预见能力，做事效率自然就会更高，与人交往起来也会更顺畅。当然，读懂九型人格，除了认识自己，提高自己外，它还会帮我们洞察人心，认识他人，了解他人的优势与劣势，尤其是他人行事的动机。了解了这点，就好比打牌知道了对方的底牌，那我们的应对就很简单了。

有句话说得特别好：知己知彼，百战百胜。如果我们想效率更高地完成某件事的话，了解别人、了解自己、清楚大家的位置、洞察自我及他人，这些都非常重要。

本书就为你深入阐析九型人格。首先，每章都会有自我测试，让你了解自己究竟是哪种类型的人。然后对症下药，让你了解自己的优点和缺点，明白优点背后的缺点以及如何避免自己的缺点。我们还可以通过本书的介绍了解其他类型的人，因为只有深入了解才能与其恰当沟通，和谐交际。最后，本书还针对不同人格类型的人作出了职业点拨，希望对大家的事业成功有所帮助。

总之，本书是让人认识自己，了解他人的指南。阅读后，相信大家会有所收获。

目录 Contents

第1型 完美主义者:"我不想过有瑕疵的人生"

完美主义者的自我测试 / 002
把追求完美当做人生目标 / 005
不放过任何一个细节 / 008
人生短暂,所以不要过于追求完美 / 011
你必须知道,残缺也是一种美 / 014
附:完美主义者的职业点拨 / 017

第2型 给予者:"帮助别人是我生存的意义"

给予者的自我测试 / 020
把帮助别人当成生活重点 / 022
随和与友善会赢得别人喜欢 / 024
乐于助人,多个朋友就会多条路 / 026
为别人付出,容易忽略自己 / 029
擦亮双眼,不要为小人付出 / 031
为自己而活,才是关键 / 034
附:给予者的职业点拨 / 037

第3型 实干者:"成功来自脚踏实地的努力"

实干者的自我测试 / 040
踏实肯干是实干者的标签 / 042

Contents

脚踏实地，更容易作出成就 / 045
老板都喜欢实干的员工 / 048
过高的目标，将会给自己无形的压力 / 050
既要踏实肯干，又要灵活多变 / 053
附：实干者的职业点拨 / 056

第4型 浪漫者："我要拥有和别人不同的人生"

浪漫者的自我测试 / 058
"不走寻常路"是浪漫者的座右铭 / 060
不随波逐流，往往有新奇的创意 / 063
以巧制胜，善于找到突破口 / 066
过于情绪化是浪漫者的问题 / 069
忌妒容易使自己陷入抑郁 / 072
少一点自我心理，多替别人考虑 / 075
附：浪漫者的职业点拨 / 078

第5型 思考者："看清世界之后我再行动"

思考者的自我测试 / 080
善于思考是思考者的显著特征 / 082
理智会让自己不陷入被动 / 085
洞察力是思考者的高超技能 / 088
保持一颗好奇心，让知识充实自己 / 091
谨慎行事才会远离错误 / 094
思考过多，行动力就会减弱 / 096
附：思考者的职业点拨 / 099

Contents

第6型 忠诚者："我坚信忠于职守才会收获更多"

忠诚者的自我测试 / 102
忠心耿耿是忠诚者的人生信条 / 104
对工作忠诚，得老板赏识 / 107
忠于职守的人永远不担心失业 / 110
附：忠诚者的职业点拨 / 113

第7型 活跃者："我喜欢创造快乐，让别人喜欢我"

活跃者的自我测试 / 116
不要信口开河，要兑现自己的承诺 / 118
学会快乐地生活，笑对每一天 / 121
创造快乐，深受别人喜爱 / 123
思维跳跃，活跃者都很灵活 / 126
做事不要冒失冲动，要多思考 / 129
做事要有始有终，学会等待 / 132
附：活跃者的职业点拨 / 135

第8型 领导者："驾驭别人才能体现我的价值"

领导者的自我测试 / 138
做一个领袖是领导者的追求 / 140
站在团队的目标思考，会看得更远 / 142
领导别人，让自己受益 / 144
做人大气是领导者的优势 / 147
不要让权力欲和名望欲蒙住双眼 / 150
附：领导者的职业点拨 / 153

Contents

第9型 调停者:"我相信世界应是和谐共处的"

调停者的自我测试 / 156
爱好和平是调停者的社会义务 / 158
善于"和稀泥",爱当"和事老" / 160
容易赢得良好的人际关系 / 163
心态平和,做人永远乐观 / 166
多管闲事,往往浪费自己的时间 / 169
附:调停者的职业点拨 / 171

第1型
完美主义者：
"我不想过有瑕疵的人生"

> 第一类型是九型人格中的传道者和文法大师，他们着迷于错误和造句法，有时也醉心于不计代价地去表达事实真相。在此类型的人眼里，世界是黑白分明的，如小葱拌豆腐般一清二白，对就是对，错就是错。他们做事公正，非常有原则，一碗水端平。另外，这类人的道德底线比一般人高，而且凡事追求完美，他们一般会把多余的精力都投入到工作中去。
>
> 法国心理医师爱迈·库尔的名言是："每天在各方面我都愈来愈好。"这可能就是第一类型人的祷文。

完美主义者的自我测试

测试一：如果你要判定你是否是一个完美主义者，看看以下几个问题：

（1）当工作的时候，如果遇到别人说话或打岔，那么注意力会被破坏，并且由此感到愠怒。

（2）当你在计划购物时，你是否不想理睬对你进行促销的人，而是去找一些你需要的信息然后再作定夺？

（3）你是否对那些行为随随便便的人感到非常厌恶，并且暗自批评他们对自己的生活太不负责？

（4）你是否不停地想，某件事如果换成另一种方式来解决，是否会更加理想？

（5）你是否经常对自己或他人感到不满，因而经常挑剔自己所做的任何事或他人所做的任何事？

（6）你是否经常顾及别人的需求，而放弃你自己的需求和机会？

（7）你是否经常认为自己做任何事都是全力以赴的，却又常常希望自己能够再轻松些？

（8）是否常常在心里计划今天该做什么，明天该做什么？

（9）你是否经常对自己的服装或居室布置感到不满意而时常变动它们？

（10）你是否不断地为别人没能一次就把事情做好而亲自去重做这项工作？

这些问题，若你都回答"是"，无疑你与完美主义者相去不远。

测试二：测试你的完美主义程度：

1.你交朋友的习惯是：

a.跟你有联系的都可能成为朋友

b.有共同目标或兴趣爱好的人才能成为朋友

c.宁缺毋滥，不和你同类的坚决不与之交往

2.你跟同学或同事交往，信奉的哲学是：

a.大家都是朋友，也是互助伙伴

b.平等对待，互不干涉，以不触犯相互利益为准绳

c.学校里还有可能交到朋友，但是职场如战场，不可能有知心朋友

3.如果有人冒犯了你，你会：

a.大事化小，小事化了，不以为意

b.问清或者搞清原因，再来采取措施

c.牢牢记住，一旦抓住机会就实施报复

4.一个一直不怎么与你说话的同事或者同学主动给了你一个水果，你会想：

a.这是友好的表示，你马上也拿出自己的小点心或者作出其他表示友好的举动

b.是有事要我帮忙吗

c.这水果坏了吧

5.星期天在家休息，可是还有工作或者学习上的事情要做，你会：

a.一睁眼，脸都不洗，赶紧下床或者干脆坐在被窝里就开始工作

b.起床后简单梳洗，把房间和写字台整理干净，然后开始工作

c.先和往常一样来个大扫除，然后洗澡换上干净衣服，再准备些饮料和点心，才开始工作

6.如果出去旅游，你对行程的态度是：

a.沿着经典的旅游线路走，沿途看风景，吃特色小吃，随心所欲

b.找一条自己很想尝试的路线，希望不要遇到突发事件

c.提前详细研究和打听多种方案，综合分析出一套最佳组合。一旦中途被迫改变行程，心情便会受到影响

7.一直想养宠物，但是迟迟没能实现这个愿望，因为：

a.太忙，没时间去挑选自己喜欢的

b.想养，但又怕伺候不了

c.想养个兔子、鱼之类的小宠物，又不能搂着玩儿，和自己交流；想养个大点的猫呀狗呀，又觉得太费心思，所以一直没有发现理想中的宠物

8.和朋友聚餐后出门，下台阶时不小心踩空，一脚坐到了地上，你会：

a.赶紧站起来，不好意思地冲朋友们笑笑

b.抱怨这个饭店的设计有问题

c.把服务员找来，当着朋友们的面，和他们理论一番，希望饭店能够改进

台阶设计

9.如果你的恋人没有想到你的心思,你会:

a.坦白地告诉对方

b.抱怨,然后委婉地给对方暗示

c.生气,不理睬对方,促使其反思

10.当你的心情不好时,你希望恋人:

a.能够来陪你,如果他(她)没有时间,自己待会儿也可以

b.能和你一起出去玩

c.为什么我生气时他(她)不在身旁,觉得自己的事就应该是对方最重要的事,对对方的不在感到不满

11.当你刚好在恋人的单位或者学校附近时,你给他(她)打电话,希望:

a.问问他(她)你要去办事的地方怎么走更方便

b.告诉他(她)你的行踪,希望听听他(她)的声音,陪你聊几句

c.他(她)怎么也得露个面啊!最好能陪你逛会儿,顺便吃个饭

12.看着恋人为你而减肥10斤后的面庞,你觉得:

a.感动。他(她)很在乎我,肯为我很辛苦、很努力地减肥

b.这是个有毅力的恋人

c.他(她)怎么还有小肚腩啊

13.恋人请你吃饭,点了一桌菜,剩下一大半,你怎么想:

a.原以为两个人能吃下这么多的

b.连宠物狗的菜也点了,不算浪费

c.要是他(她)真心喜欢我,多点一些菜根本不算什么

14.在饭店吃饭时,你和服务员因为菜的味道发生口角,你希望朋友的态度是:

a.如果劝你少说两句就实在可恨

b.同意你的看法,尽管他(她)可能觉得菜的味道还可以忍受

c.帮你搞定那个服务员,跟服务员理论或者干一架

1~4题测量你的人际关系,5~8题测量你的生活方式,9~14题测量你对爱情的态度

计分方式:选择a计0分,b计1分,c计2分。

总分0分~7分,正常心态;8分~14分,完美主义;14分以上,完美癖。

把追求完美当做人生目标

完美主义者的最大性格特点是追求完美,而这种欲望是建立在认为事事都不满意、不完美的基础之上的,因而他们就陷入了深深的矛盾之中。要知道,世上本就没有十全十美的东西,而完美主义者却具有一股与生俱来的冲动,他们将这股精力投注到那些与他们的生活息息相关的事情上面,努力去改善它们,尽量使其完美,乐此不疲,但是,往往半途而废——虽然他们都是自动自发的。也许开始工作时有一股永不罢休的劲头,但后来都会衰减,其原因就在于在工作过程中,不完美的状况此起彼伏,他们根本顾及不了那么多,最后只有认输。

由于完美主义者对不完美的事物不能置之不理而作壁上观,所以他们往往轻率地做出计划,并且义无反顾地去执行。但是,隔不了多久或者他们的计划就要完成时,他们又产生了疲倦和事不关己的感觉,因为手中有太多太多的计划要实施。这种感觉日积月累,使他们整天生活在挫折、失败、碌碌无为和愤怒的情绪之中而无法自拔。

完美主义者对什么都看不顺眼,因此他们觉得完全有必要让别人知道最好的是什么,在行为上就每每伴有好为人师的倾向。完美主义者认为追求完美应该是一个人的起码人格,于是他们就会不厌其烦地教导别人该如何行事,而这些婆婆妈妈的说教只会让他们在别人心目中的地位下降,让别人感到厌烦和无法忍受。在他人看来,他们这种妄加批评和处处充当权威的行为使他们降到了与吹牛者一样的地位。

当然,完美主义者追求完美的性格也会使他能力四射,因为在决策时需要他们。他们在作决策前,一定要研究所有的相关细节以做到万无一失,还会认真地衡量投资回报率。基于对效率的考虑,他们会把每一个人、每一件材料用得恰到好处,决不浪费时间和精力去做无用功。有时,他们收集信息到了事无巨细的地步。诚然,此举过于耗时,然而对于正确的决策来说,确

实是必不可少的。他们认为做亡羊补牢的事不如未卜先知、防患于未然，正是这种局限于细枝末节的性格让他们的决策往往成功。

完美主义者基于自身条件较好（当然，这可能只是他们自己认为的），所以不能忍受自己被他人忽略或看不起。他们很在乎别人对他的尊重，因为这是对他们努力培养出来的特质的认同。然而对别人给他的赞美，他们却显得不以为然，这是由于他们内心中那不断挑剔的声音在提醒他们。表面上，完美主义者对别人的赞扬会很客气地接受，毕竟别人是在恭维自己，而他们心里却在想这个评价与专家的水平相比，没有任何意义。况且他们觉得自己的目标更高、更好，现在还不曾达到。当他们成长、蜕变之时，完美主义者会很注意培养自己，这时，很多优秀的特质就会显现出来，比如：他们的事业心比较强；富有创造力，并有创新和改革的勇气；较激进，愿意为工作付出较大的精力。他们是健谈的、亲切的、和善的、具有优秀的领导气质。他们的和善与亲切辐射到别人身上，感染别人，其他人会因为他们的自信也信心倍增。

在评价事物时，他们的价值体系是较好的，因为他们强调公正，对别人和自己要求坦率、诚实。在比较艰难的环境和条件下，他们能够承受多种压力，而且还帮助他人，因此他们也会收获到人生的一大财富——不渝的友谊。

完美主义者对别人大公无私，对自己要求严格，能够清楚地洞悉现实。天生的洞察力和旺盛的生命力赋予在这些优秀的领导者身上，使他们大多数人成了创新的先锋、时代的巨人。

完美主义者深具领袖的气质。他们很有创造力、判断力，也勇于创新。有时，他们要蛮横地强迫别人跟他们作出同样的决定，或者按他们的意思做事，这样做也是维护领袖的尊严所必不可少的，虽然下属对他们的做法怀有极大的不满。当其他人了解了完美主义者的性格后，只要维护完美的原则，任他做什么事都可以得到完美主义者的谅解。

每当工作进展得顺利时，完美主义者对自己的观点和计划总是简明扼要地交代给别人去做，别人采取怎样的工作方式他们也不愿去干涉，只要照此能达到他们预期的目的。在这种情况下，他们怀有相当的自信，而且比别人更加勤奋，心胸也较宽阔，较易信赖他人。对其他有跟他相同性格的人，他们还有惺惺相惜之意。可以说，作为领导的完美主义者是十分欣赏工作有效率而且具有魅力的下属的。

在处世关系上，完美主义者是一个相当懂得克制的人。他们不轻易地发表自己的见解，因而感情也不轻易地流露出来，在某些时候，他们看起来有些接近神秘。他们对自己有时不能控制理智和情感感到害怕，回应别人就十分谨慎。这种过度的自我紧张和自制形成了一种直觉，影响了他们对别人的决定。

在爱情方面，他们对配偶要求颇高，但感情是忠实的，而且是全心全意地付出的。正是由于用情"过专"，他们很容易在爱情的旅程中受到挫折和伤害。他们是较负责的，对爱人的一切都非常关心，这显出他们的社会道德感也较强。为了获取爱人的欢心，他们往往比以往更加勤奋地工作，但在热恋时，他们却显得不太主动，有时甚至采取无所谓的态度。这缘于完美主义者不喜欢相互依赖的关系。他们认为人生最大的目标不应该放在卿卿我我之上，而应放在事业的成就之上，对过多的约会他们觉得是浪费时间，因此态度显得有些冷淡。

完美主义者聪明机智，有创造力和创新意识，所以，他们不喜欢依赖别人，对不能自动自发做事的人和喜欢依赖他人的人感到不舒服。如果有人过于依赖他们，他们就会感到包袱沉重和宝贵时间被剥夺。为了保护自己的时间和权利不受侵犯，他们容易变得自私自利，这种性格会直接影响到人际关系，也许不可多得的爱情也会因此而终结。

在社交场合中，完美主义者大致可以分为两类，一类是压制型，一类是宣泄型。压制型的人努力克制自己的感情，很和气地对待他人，不管心里有多么愤怒、痛苦或沮丧，他们都笑脸迎人，而他们的社交魅力也因此而显现出来。而宣泄型完全相反，他们把对自己和对别人的失望刻在脸上，一副郁郁不乐的样子。而且易激动，易焦躁，动不动就指责别人。他们并不是没有克制自己的情感，而是心有余而力不足。无论在什么场合，他们都是蹙眉悲伤的样子，与那种胸中燃烧着怒火而脸上仍绽开微笑的人相比，他们显得不够成熟老练。并且，他们这种样子并不能换来别人的同情，反而增加旁人心中的厌恶感。

不放过任何一个细节

对完美主义者来讲,最重要的是把事情做好。他希望每件事情都要做到最完美,使自己和世界都变得更完美。因此,完美主义者是一个讲求高质量、高效率的人。

由于他希望把所有的事情都做到最完美,所以是一个关注细节的人。他认为要让一件事情做到完美,那么每一个环节都不能出错,因此他对错误非常敏感。任何一个细小的差错他都会立即觉察出来,而且要立即纠正,如果不是这样会令他非常焦躁。

在完美主义者的内心有很多原则和标准,之后他会用这些原则和标准去度量每一件事情。当一件事情达到他的原则和标准时,他就会觉得这件事情很完美。因此说,完美主义者的完美是与他内心的那把标准尺子做比较的,而与我们所说的完美有一定的区别。

完美主义者做事前习惯于做计划,而且这个计划要编排顺序,然后再按部就班地去执行。完美主义者非常讲究原则和标准,很多完美主义者就连家里物品的摆放都非常有规则,而且不愿意让别人破坏他的这种规则。如果在完美主义者按照他预先编排好的程序做事的时候,突然需要调整,这时完美主义者会非常焦躁,因为他在做任何一件事之前,都把每个细节考虑好了,而且按顺序进行了编排,任何一个外界因素的突然介入让他必须要做改变的时候,他会非常不适应。在变化比较快的商业社会,需要我们随时调整自己来适应外界环境,但这对完美主义者来说就是非常痛苦的。通常情况下完美主义者定下原则之后,他是轻易不愿意改变的,除非是非改不可的。可以肯定地说,完美主义者对标准的坚持,在九个类型的人里面是最执著的。

从完美主义者那里,你经常会听到"应该怎样做"这样的字眼。你也许会注意到,完美主义者也是很顾全大局的人,尽管他发现了必须纠正的错误,他也会充分顾及到他人的面子。不过当他发现错误的时候,他的脸色会告诉你他的不快。通常情况下，完美主义者不会大发脾气，但有些时候，他也会像火山喷发一样大发雷霆，让对方不知所措。在什么情况下会这样呢？就是当完美主义者一而再、再而三地指出同一个错误，但发现没办法纠正时，他心中的愤怒就会非常强烈。

完美主义者非常坚持自己的价值观，他认为做事情就要做好，而且要做到最好，错误是不应该出现的。所以在别人眼中，完美主义者很爱挑剔，连一些细小的问题他都要指出来，而且要马上纠正。

在完美主义者身上，你可以学到他的严谨、完美、认真，所以很多人喜欢跟在完美主义者人身边学习。但长久下去，完美主义者的这种严格甚至苛刻的要求会令周边的人非常不舒服，他们会觉得没必要这么严谨。但对完美主义者来讲，哪怕差一点点也是完全不允许的，因为差的这么一点点就会令事情不完美。因此，我们要了解完美主义者，要知道他对错误的不放过并且要坚持纠错这样的原则。

当完美主义者认为环境与他的要求接近时，会处于轻松状态，这时的完美主义者会尝试新鲜刺激的事物。反过来说，常出去旅游、娱乐或离开自己常处的环境，可以使完美主义者放松下来，会使他很快乐。

当环境不断变化，或者经过努力也无法达到自己的要求时，完美主义者的压力就是巨大的。当完美主义者处于压力状态下的时候，他会非常情绪化。本来在正常情况下，完美主义者是个非常理智的人。但在压力状态下时，完美主义者的情绪也会像火山爆发一样喷发出来。

比如说，当他认为细节上做得不好的时候，无论对方是任何人，他都会有很大情绪，具体表现为发火、指责对方，从"这个事该怎么做"上升到"你这个人怎么这个样子啊？"。

如果他认为比较重要的人对他在细节上进行的努力不认可或者忽略时，他会感到很沮丧，情绪表现为很低落，甚至想离开现在的环境。

在着装特征方面，完美主义者的着装一般会给人非常干净整洁的印象。他对颜色、饰物的搭配都很认真，因为他想给人一种非常完美的形象。完美主义者的服饰并不一定是名牌，但他穿的衣服看起来很有档次并且搭配合理。

再看肢体语言方面，完美主义者在谈事情的时候，眼神很锐利。说话更愿意说过程，而且会把过程中的细节说得非常仔细。完美主义者在谈话过程

中一般不会出现大幅度的手势动作，只是他们会有一个共同的肢体语言——皱眉。在与人沟通交谈时，谈着谈着他就会不自觉地担心起来，担心别人做不好事情或者做得不完美。因此，只要出现担心的事情，他的眉头就会皱起来。

在完美主义者看来，目标的完成是靠严格的过程管理和每个细节的完美来实现的。

完美主义者是一个天生的管理者。由于完美主义者最大的优势就是他对完美的追求和他对这个追求的力量永不停歇，持续而稳定的精神自然会给企业带来标准、质量的提升。新的目标、新的标准会使他所属的团队和周围的人员不断地把事情做得更好，所以完美主义者类似一个标准"推进器"。另外，完美主义者不仅对别人要求严格，而且对自己的要求更加严格。凡是他要求别人做到的事情，他一定会自己先做到，在这方面他会有一定的表率作用，所以在执行管理的时候更加有说服力。正因为完美主义者认为标准是非常重要的，而且完美主义者的执行能力较强，所以企业如果用完美主义者来推进管理，会在一些比较难设定标准的地方，通过完美主义者的行动来顺利达到目标。

人生短暂，所以不要过于追求完美

即使完美主义者知道别人看得出他们追求完美的态度，而且他们也为此焦急，但是仍然找不到一个最好的办法来解决他们心理上的两难。这种矛盾心态的最直接结果就是使得完美主义者容易自责，他们对自己苛刻地要求，进而达到过分的地步，他们在过分和突如其来的鲁莽轻率中摇摆不定。在这恼人的矛盾的折磨下，完美主义者不可避免地陷入了极端的紧张和焦虑之中，并且伴随一次又一次强烈的自怜自艾。

由于这种求好心态，所以完美主义者对所制订的计划，所做的事情都有早日完成的愿望，而这种愿望在严酷的现实中往往不能如期兑现，完美主义者就容易发怒和激动。这也是一种不完美的面貌表情，他们会害怕旁人因这种喜怒形于色的表情而讨厌他们。于是，他们要极力压制这种感情，改变这种状态，这样，愤怒就会郁积在他们心中。然而，抱怨他人是他们不大愿意做的，因此，往往就转而怨恨自己把标准订得不够高或者任人不贤，或者择友不善，而对自己的怨恨很容易使他们陷入深深的自卑和沮丧之中。有时他们也察觉到自己订的标准过高了，但是他们与自己过不去，不愿意考虑修正自己的过高要求，而自欺欺人地说此标准是最标准的。

完美主义者心中的一个不灭的目标就是追求完美。这个意念萦绕在他们心头，促使他们一生都朝此奋斗不息。但是，他们给完美所下的定义不同于一般人所说的完美。一般人给完美下的定义是"十全十美"，而完美主义者追求确定、精确的"完美"，并且他们非常仔细地注意每一事物的细微之处，有时竟达到吹毛求疵的地步。由于他们的这种态度，使得他们在处世时显得十分严谨。他们不愿意轻易地下结论，但选某个目标时就显得十分投入，他们认为自己的生活与别人有十分的不同，认为自己的生活至少大致看来是完美的，自己的人格也是无可非议的，因此，完美主义者对其他人对自己的评语（尤其是无能的评语)显得过度的敏感，对待这些评语的态度也容

易走向两个极端，一是完全放弃，二是如同神经质一般严重的自我失控。

完美主义者对众人的批评有着惊人的警惕感。为了避免事后遭人非议，在接受一个新的任务或制定一个新的计划时，他们往往会花很大的精力做大量的准备工作，会收集各方面的信息以便自己把工作做得更好；让赞扬代替批评是他们的一贯愿望。在工作时，他们采取的方法也是经过深思熟虑的，事前往往会从形形色色的指南丛书中搜集很多专家的意见，或综合或择其善者而行之。

为了避免在中途节外生枝，加之求好心切，完美主义者往往会实行一些短程的计划。这样不仅逃脱了中途而废给心理上带来的压力，也可以尽快地看到工作的成果。这对他们来说，内心可以获得极大的愉悦。他们总是在心里默默地构思自己的计划以及实现计划的方法，以做到万无一失。当其他人或者环境因素不允许他们以自己喜爱的方式去构思和完成计划的时候，他们心中就会万分沮丧，有时甚至愤怒。对于他们感兴趣和认为应该做的事，完美主义者总是全力以赴。他们会认真、合理地安排自己的精力和时间，以便让工作时的每一分钟都能够起到最大的作用，从而提高工作的效率和质量。他们对待工作的态度是一丝不苟的，使工作完成的结果跟他们预想的一样或相差不多。对那些他们不在乎的事情，他们却显得有些冷淡和漠不关心。

完美主义者的要求对别人来说都高了一些，因而在其他人的眼中，完美主义者的行为看起来有些过于夸张和没有必要，他们也因此丧失了周围人的认同感。旁人对完美主义者的无法忍受或不以为然使他们经常感到困窘不安，有些计划和工作在没有开始之前就搁浅了。这种挫折感使他们愤愤不平，但他们却不会因此而放弃自己的高标准，反而会将其加之于周围的人身上。

可以说，固执的性格影响了完美主义者的视野。完美主义者看问题一般都认为只有两面，因此有走极端的倾向。一旦他们认定了一个事实或者是下定了决心，他们就会对其他相反的意见变得相当的神经质，用"顽固"和"专制"这两个词来形容他们这时的状态毫不为过。当然，对待别人意见的态度源于他们内心深处那股叛逆的冲动以及对自己本性不大驯服的恐惧。他们希望自己正直、善良、诚实，然而固执的本性却拉着他们率性地去做自己想做的事。当他们受挫时，会怀恨在心，虽然表面上看来仍是一团和气，毫无记恨的迹象。

由于追求完美的天性，完美主义者对自己相当挑剔，对别人也非常苛刻。当他在说"是"的时候，心里却总是在想是否应该说"不"。对待一件事，他们总是再三地审查才将其放行。在谈话中或会议上，发问最多的肯定是他们，因为他们对别人和自己总是有太多的质疑。在别人眼中，他们是争强好胜的，也是不可理解的，吹毛求疵的心态使得他们在评价自己和他人的时候总是不能始终如一。在他们看来，任何人离他们的最完美标准都相去甚远。

你必须知道，残缺也是一种美

完美的反义词是残缺，而在我们的传统观念里，面对残缺简直是一种耻辱。在社会形态中，从《桃花源记》到近代的理想主义社会，无不是这种要求的写照。当今提倡和谐社会，这应该是合理的、科学的，但很多人不懂得什么是和谐，所以总认为和谐也是一种完美。从自然哲学上讲，和谐应该是包容差异性、矛盾性的统一，这种统一的表现是平衡与稳定。正如人人都喜欢风和日丽，但大自然中一定少不了暴风骤雨。人与社会又何尝不是如此呢？人生不如意事十之八九。当然，这里并不是要全面否定完美主义，毕竟，有理想是不会错的，但是将理想作为现实生活的唯一尺度，那真是大错特错。

因为"完美"在事实上不可得，但却顽固地要求完美，于是，只能以内部平衡的方式营造某种完美的假象。正因为如此，完美主义者通常都没有适时放弃的智慧。但是，当他们再也无法在现实的冲击中维持那自欺欺人的完美假象时，将无可避免地滑入另一个认知极端——全盘否定一切。

有这样一个故事：一位老和尚为了选拔理想的衣钵传人而设想了一道非常奇妙的"考题"。一天，老和尚对一胖一瘦两个得意门生说："出去给我拣一片你们最满意的树叶回来。"两个徒弟遵命而去。时间不久，胖和尚就回来了，递给师傅一片并不是很漂亮的树叶，对师傅说："这片树叶虽然并不完美，但它是我看到的最好的树叶。"瘦和尚在外面转了半天，最终却空手而归，他对师傅说："我见到了很多很多的树叶，但怎么也挑不出一片最完美的，所以没有一片是我最满意的。"

那么这道考题的结果是怎样的？可想而知，胖和尚成了衣钵的传人，因为他更懂得佛家万事随缘，世上本无完美之事的道理。

也许，在人生中，我们都会遇到这样的情景，一心只想尽善尽美，最终常常是两手空空。"拣一片最完美的树叶"，人们的初衷总是美好的，但是如果不切合实际地一味找下去，最终往往只会吃尽苦头，直到有一天你才会明白，为了寻求一片最完美的树叶，而失去许多机会，是多么得不偿失。

每个人都经历过爱情，爱情也是如此，一开始总想找一个完美的爱人，一路找来，总觉得有些欠缺，最后要么是两手空空，要么是回首只找到还算"完美"的，凑合吧！

对完美主义者来说，几乎没有任何进步和收获能为他们持续地提供激动人心的满足，这样，也就不可能在他们身上发现激动人心的自我激励。因而，坚忍不拔也就不可能成为他们的风格。相反，半途而废，功亏一篑是他们的例行遭遇。

可以说，正是因为完美主义，人们才能借着反省的名义，把对自己的不满意放大成自卑，然后进行讨伐，人为地制造心灵世界的战争。于是，把促使自己进步的动力，变成了自我惩罚的凶手。

我们常说要自我激励，也就是从困难中看到希望，从不完美的自我中发现自己的优点，这样有利于我们建立自尊自信。而"要求"完美的人，是做不到这些的。所以，完美主义者总是看不到希望，只会自怨自艾，自暴自弃。

于是，这些负面情绪，成了他们的生活风格，甚至成了他们实现自我"价值"的特殊方式，所以，他们会努力去保护这种方式，不会轻易改变。因为不能在现实的生活实践中体验自我的存在价值，就只能在自我的内部，以"痛"的形式来证明自己还存在着。从这个角度来说，"痛苦"确实是一种价值。当现实功利得不到满足时，"痛苦"就成了替代品，它与满足感本质上都是提供自我确认的食粮。所以，对完美主义者来说，他们的自暴自弃和自我毁灭总是如此理直气壮，如此义无反顾。

人世间许多的悲剧，正是因为一些人热衷于追求虚无缥缈的最完美的树叶，而忽视平淡的生活，其实平淡中往往也蕴含着许多伟大与神奇，关键是你以什么样的态度去面对它。

一块完整的木头经过锯削、加工，做成平滑的小提琴形状。一位生活贫寒的老提琴家每次竭尽心力地拿它演奏时，总能令人们沉醉在美妙的琴声中。每当有人问起这把提琴的好处时，老提琴家总是温柔地抚摩它优美的线条说："原来这块木头一定接受了很多阳光的照射，而照射进去的东西，通常又会反射回来。"

那块木头就其本身而言，虽已残缺，但却成就了另一种美；那位老人虽自己身处困境，但却将和谐悦耳的旋律呈献给听众。这怎能不令人感喟呢？

大家熟知的陈列在巴黎卢浮宫中的维纳斯雕像，曾令世人倾倒，它的艺术价值跨越了国度，超越了时代。一百多年来，美术学家、雕刻家、考古学家曾煞费苦心地为她的双臂设计过多种复原的方案和模型，但却都失败了。为什么？因为那残缺了的美丽臂膊，"却出乎意料地获得了一种不可思议的抽象的艺术效果"，"奏响了追求可能存在的无数双手的梦幻曲"。这不能不说残缺也是一种美。

况且，人生中最完美的树叶又有多少呢？天空不够完美，因为它有时布满阴霾，甚至狂风暴雨；大海不够完美，因为它有时惊涛骇浪，甚至卷人人底；米洛斯的维纳斯不够完美，因为她丢失了双臂。可以说，每个人每个事物都是被上帝咬过一口的苹果，都有一丝小小的缺憾，只要你不苛求，就会发现天空是那么蓝，大海是那么广，维纳斯是那么美。

居里夫人说过："完美催人奋进，但苛求反而成为科学进步的大敌。"即使你的生命已不再完美，即使上天把它摔得支离破碎，你也不要灰心，你还有一颗充满美的心，它会给你带来心中的最美。

有人可能会马上反驳说，这些都是人们对于事物的一种审美意识，当真正处在人类社会中触及一些生活琐事时，"残缺"可并不是件好事。诚然，谁不渴望完美，谁不祈愿事事顺心、家家团圆？但毕竟"月有阴晴圆缺，人有悲欢离合"，有些人和事是不可调和的。关键是看你采取一种怎样的态度去面对，付诸怎样的行动应对了。

月蚀，因残缺，却别有动人之处；满月皎皎，反失韵致的深刻内涵。生活中的"完美"，只是一种"好"的程度，而真正的完美是不存在的。不管是什么猫，能捉耗子的都是好猫；不管西瓜圆不圆，味道甜的就是好瓜。在生活中，不要妄想什么"完美"，只要你过得充实、精彩，在幸福的时候能发现并体验你的快乐，在痛苦的时候能回忆并审视你的过去，能乐观地面对人生，你的生活就是完美的。

如果你认为上天对你不公，才将"残缺"抛给你的话，那么你就错了，因为它让你有了残缺之后，同样给了你一个创造美的机会，这正是上天赋予你的一份特殊的礼物。收到礼物的朋友们，请不要让"残缺"总挂在你的嘴边，也别让阴霾遮蔽了你惠风和畅的天空，用你的性灵去感受任何一种"残缺"，让"残缺"变得卓尔不群，让它变得更真、更善、更美吧！

附：完美主义者的职业点拨

❶ 做一个典范，别做批评家。

❷ 记得你所说的许多话都带有吹毛求疵的意味，即使你不这么认为。

❸ 检查内容。你对他人的批评也许是对的（毕竟你是"发现错误的专家"），但你太重视发现的错误了，这会使你更加挑剔，而忽略了自我反省。

❹ 把你心目中完美的景象及你对错误的理解当作指导方针，但别让它们成为束缚。

❺ 大发一场脾气吧！你的所有情绪、批评和怨恨之所以被你压抑下来，是因为你不接受这些情绪。相反，这些情绪却因此而妨碍你，当感情被抑制时，会让你看起来比实际更生气。

❻ 学习"够好了"的意义，不要过于苛求自己和他人。

❼ 学会原谅自己。

❽ 勿管他人闲事，责任负荷太重时就给自己休个假。

❾ 你要追求的是正确还是应急？你想批评就大肆批评吧！但假使你的上司认为你是在批评他，想晋身参与内部会议的计划就省省吧。工作不是审判，没有人会想激怒身旁的道德家或法官的。

❿ 鼓励错误。你那尖锐批判的态度可能使员工及同事隐瞒他们的错误，这样下去，他们会向你隐瞒你所需要的资讯或想法。

第 2 型
给予者：
"帮助别人是我生存的意义"

我们可以发现，这类人格的人通常表现出外向、快乐、活力充沛、友善、自信、讨人喜欢的特点，把自己的快乐凝聚在助人上。

这种人格的人，把人际关系看得很重要，会主动用自己的智慧、财力和物力帮助别人，并不谋求索取。他们总是显得自给自足，在为他人服务时体现自己的能力和成功。

他们对别人的需要和感觉有天生的同情心，一些人甚至为了满足他人的愿望而牺牲自己的感情。在这一类型人的眼中，给予，实际也是一种享受。给予，能给他们的人心里增添一分美意，一分宁静，一分骄傲。

给予者的自我测试

1. 我觉得我的付出多于收获。
2. 面对求助,我会很容易伸出援手。
3. 人们容易亲近我。
4. 我扮演着付出同情,提供忠告和意见的角色。
5. 我认为关怀非常重要。
6. 我宁可付出,也不愿接受。
7. 我喜欢赞美别人。
8. 其他人的需要重于我的需要。
9. 对于我自己能服务人群,我感到很满足。
10. 只要能满足他人,我自己也会满足。
11. 我不公开发脾气,但经常以小手段达到目的。
12. 有时我会有强烈的寂寞感觉。
13. 有时我觉得我是不可缺少的一个人,而我最善于令别人更成功。
14. 当我与别人在一起时,我较难说出自己的需要。
15. 我用赞美的话语肯定对方,同时令他们知道他们十分重要。
16. 当帮助别人后,我是很盼望回报的,即使是一个感激的眼神也好。
17. 当我被疏忽及忽视时,我会以巧妙及隐晦的方法惩罚对方。
18. 我的个性是热情又友善。
19. 在与人交谈时,我会尽量保持眼神接触和仔细聆听。
20. 我很重视朋友和友情。
21. 当我有困难时,我会试着不让人知道。
22. 施比受会给我更大的满足感。
23. 不能帮助别人会让我觉得痛苦。
24. 我习惯付出多于接受。
25. 我知道如何让别人喜欢我。

26. 很容易知道别人的功劳和好处。
27. 常往外跑，四处帮助别人。
28. 待人热情而有耐性。
29. 帮助别人获得快乐和成功是我重要的成就。
30. 付出时，别人若不欣然接纳，我便会有挫折感。
31. 很多时候会有强烈的寂寞感。
32. 人们很乐意陈述他们所遭遇的问题。
33. 当察觉到别人有需要帮助时，如果不立刻付出会自责并有罪恶感。
34. 总觉得一天的时间不够分配，有那么多计划该做的事，却又心有余而力不足。
35. 本性善良，乐于助人，所以人缘很好，朋友很多。
36. 只要看到被我服务的人快乐满足，我也就快乐满足了。
37. 我对别人有很高的包容性，爱别人，同情别人，而且对人不批判。
38. 有时也很想自我满足一下，但马上就反省是不是自己太自私了。
39. 有的人也让我生气，因为他们不了解你的爱，这时候你会伤心难过。
40. 我觉得让自己闲散是浪费生命，帮忙别人其实是举手之劳，何乐而不为呢？
41. 我是热情而感性的，表达我的爱给朋友，是坦然而不害羞的。
42. 我很关心别人，也很善解人意，为别人的需要努力付出自己的所有。
43. 我对别人关心，并表达爱护之意。
44. 我享受浪漫，所以我常制造浪漫的环境及气氛。
45. 我把服务别人当成快乐的来源。
46. 我了解别人的需求并尽量满足别人。
47. 觉得很多人都喜欢找我谈他们自己的心事。
48. 如果别人觉得需要我的帮助，我会很乐于付出。
49. 我常把别人的事放在前面，而忙碌中常忘掉自己的需要。
50. 是一个很努力去帮助别人，把自己的爱完全奉献的人。

这些问题，若你都回答是，你就是一名给予者。

把帮助别人当成生活重点

　　第二型人格是九型人格中的一型性格，名为助人型，又称为给予者。他们总是能将心比心，照顾关怀他人的需要，又诚恳、热心、有鉴赏力，并且鼓励他人。对他们而言，服务是非常重要的。他们非常大方，总是乐于给予和帮助他人，充满了爱与体贴，给人们所需要的，即使超出他们的常规也照做不误。通常表现是，极为公正无私，不为自己着想，总是为他人着想，给予他人无条件的爱并且不求回报，觉得参与别人的生活是一种荣幸。

　　健康的给予者的主要特点是：渴望别人的爱或良好关系，甘愿迁就他人，以人为本，要别人觉得需要自己，很在意别人的感情和需要；十分热心，愿意付出爱给别人，看到别人满足地接受他们的爱，才会觉得自己活得有价值。

　　健康的无条件的爱，能自由地给别人，不必酬劳，是所有人格型中最体贴、最有爱心的。健康的给予者很容易接受别人，会站在别人的观点去看、去想、去听。健康的给予者在处理人际关系方面，习惯表达感恩，觉得可以帮人而不需他人回馈。可以说帮助及爱护别人是此型人的特性。虽然他们对别人的需要很敏锐，但很多时却忽略了自己的需要。对他们来说，满足别人的需要比满足自己的需要更重要，所以他们很少向人提出请求。这样说来，他们的自我个性并不强，很多时候要帮助别人去肯定自己。

　　不健康的类型的主要特点是：爱妒忌，喜欢占有，有时扮演歇斯底里的伤害者的角色。总感觉别人没良心，自己做了这么多而没有回馈。在接受别人的爱上，是无底洞，常轻视自己，不会关心自己，否认自己有需要，很难直接向人要求。自己没有能力照顾自己，而需要让别人来爱他，仰赖别人的同情。总觉得别人会占自己的便宜，虽有很多朋友，但多限于表面交往，友谊基础并不牢靠。

　　属于这一类型的你，可以说是自豪的，骄傲的。其实，一向以助人为快乐之本的你，是通过热心帮助人去肯定自己，要朋友接纳、欣赏自己。所以当有朋友找你帮助时，你自是开心不已，也会有自豪和骄傲之感，因为在这个过程中你能得到肯定和满足。

可是，当你投资时间和心力越多时，你希望得到的回报也就更多。很有可能，你希望朋友接触你，甚至是只接触你一个，事事对你说，跟你分享。这便是反映在你内心的占有欲，否则，你便会很失望，觉得他们背叛了你。你甚至可能会对他们施加压力，以控制他们。这里当然不是说每个该类型的人都是这样子，但当我们状态不佳，心情不太好时，的确会出现以上倾向。因此要多点留意自己的情绪反应，有助于控制及改善。

不健康的类型有两种自我防卫机制，即压抑和投射。

◎压抑：自我欺骗，没有意识到自己经常有很强烈的帮助别人的想法。

◎投射：将自己的需要投射到别人身上，不论他人是否需要帮忙。

随和与友善会赢得别人喜欢

这一类型的人可以说是迷人的妖精。《梦见珍妮》里芭芭拉·伊顿饰演的妖精角色，就是这一类型的代表，主人不愿依赖她的魔法而想自力更生的愿望，总是令她感到受挫。

此类型人高明的一面在于他们拥有惊人的能力去帮助他人，这种能力可能造成鼓舞人心的效果，你甚至不知道发生了什么事，只是觉得对自己非常满意。

属于给予者类型的人通常考虑的问题是，自己该如何私下帮人把工作做得更好。在电脑销售服务部门上班的经理安迪，发现手下一名业务员的进度落后，他非但没有斥责他，还把他叫到办公室聊了好久。聊天中，他得知这名员工刚移民，还不太能适应美国。安迪说，"我发觉若能了解他这个人，我就更容易帮助他在工作上展现更好的一面，只要我进入熟悉的状况，而且他也讨我喜欢，我就知道一切都不会有问题了。他发现我在注意他，在支持他，于是情势立刻就好转了。"

这类型的人很善于沟通，他们能与各种不同层面的人融洽相处，在不同的场合，以不同的面貌亲近不同的人。相较于同样随和的调停者来说，他们则保持相同的面貌及待人方式去面对上司、下属或其他人。所以给予者类型的人以魅力和奉承来征服上司，但在属下面前却像个出众的女主角。对大部分此类型人而言，这两种角色他都能够胜任，而这正是第二型的优势所在。

他们在工作上是快活而爱施小惠的专家，他们赏识别人的方式正是他们渴望被赏识的方式，他们会记得生日、结婚纪念日和其他特殊节日，并且会写卡片祝贺。在他们负责的办公室，会不时堆满礼物。同时，他们也善于迅速表达感激，这也正是他希望你对他做的事。

在生意场上，此类型的人习惯于以客为尊。跟受市场驱策的实干型相比，实干型会说："这是我的生意，让我们去抓住客户吧。"然后提供非凡的顾客服务。但给予者则说："我服务这些人，所以我必须介入这笔生意。"

给予者期望他的属下和他一样能骄傲地以客为尊。"我让我的经理沿用他们商店的本名。"在某家百货公司当经理的凯文说："你的摊位就是你的商店，我只要求一点，在你们向我报告问题前，别让顾客纠纷的麻烦出现在我的门槛上，等顾客找上门时，我要能告诉他们问题已经解决了，这就是我们这里的服务标准。"

"当我看到人们脸上流露出认可的表情，便会觉得愉悦。"这类型的人往往会这么说："使别人愉悦对我而言意义非凡，如果我无法使人快乐，我就会感到自己失败透顶。"

虽然他们可能看起来热切，有时还很天真，但这一类型的人其实是最佳的"包打听"，他们对组织及里面的每个人都清楚不过了，因为他们知道每个人都在忙什么。

在与人建立关系的过程中，这类型的人能察觉周遭发生的一切。同时，他们也喜欢倾听，只要那是让对方快乐的条件之一。"我刻意提出问题，"做招待员的玛莉说："人们迟早会打开话匣子大谈自己的。"

乐于助人，多个朋友就会多条路

俗话说：人缘就是财缘。在我们的生活中，就密密麻麻地联结着这样的一张大网，我们每个人都是这个网中的一个分子。一位哲人说："一个不肯助人的人，他必然会在有生之年遭遇到大困难，并且大大地伤害到其他人。"是的，人要想在社会上生活，是不可能脱离周围这个世界的。你的衣食住行，你的工作娱乐，无不与别人存在着千丝万缕的联系。你的一言一行，一举一动，无不对别人产生或大或小的影响。我们必须认识到"我为人人，人人为我"，人与人"相互支撑"是社会生活的法则，从而学会助人，乐于助人。如果你撑一把伞给我，我撑一把伞给你，我们就能共同撑起一个完整而和谐的世界。

帮助别人从本质上看是一种付出和奉献，但从效果上看，帮助别人却是一个一本万利的投资，你往往会因此而获得巨大的回报。

主动地帮助他人，伸出援助之手，是会交际者常用的一种姿态。俗话说得好，患难见真情，当你伸出援助之手的时候，尤其是对方急需要一只手的时候，就更能让人感受到交往的力量。

王先生是某建筑公司的老板，财大气粗，事业如日中天。他的一个刚刚独立创业的老战友来看望他，让他说说做事业的诀窍。王先生笑了笑说："我就四个字：乐于助人！"看老战友似乎有些不相信，他又继续解释说："别小看了这四个字，内藏玄机无限啊！其实，当兵的时候，你们就知道我是个热心的人吧，谁有困难我都伸手。转业后，我还像以前那么爱助人为乐，结果朋友越交越多，人缘好着呢！开始时我还给别人打工，后来一个朋友就对我说，'现在搞建筑多赚钱啊，你还不如弄个建筑公司干干呢，这么多朋友顶着你呢！'听说我要办公司，立刻有朋友帮我租房子，跑工商，联系包工队，帮我介绍一些房地产公司老板……说实话，没有他们的帮忙，我根本不会有今天，可话说回来，如果当初我不帮他们，他们也不会主动帮我，所以说，我的成功是因为有好人缘。"老战友对王先生的解释十分满意，他总算取到了真经。

王先生的成功秘诀用一句话来概括就是：帮助别人等于帮助自己。喜欢帮助别人的人必定会有个好人缘，而好人缘正是成功的重要因素。帮助别人、关心别人看起来好像是会吃亏的行为，但如果你能让胸襟再开阔点，目光放得再远一点，你就会发现，乐于帮助别人其实是一条通往成功的康庄大道。

不论是在生活中还是工作中，对别人友好的人，都会获得好人缘，人们会善待他，帮助他。得到别人帮助多的人成就的事业就大，得到别人帮助少的人成就的事业就小，得不到别人帮助的人，可以说几乎就与成功无缘了。而要想得到别人的帮助，就必须先帮助别人，吃亏在前享福在后。

有人说，人生好像在堆高塔，你想堆得愈高，那底盘就得愈大。你不能把每块石头都往塔尖上放，而要多分一些在塔基。塔尖是你，塔基是你周遭的人。由此可见，帮助别人，往往也是帮助自己。有付出，必有收获。你帮助的人越多，你的人缘越好，成功的机会就越多。

"赠人玫瑰，手有余香"。生活中常是这样，对人多一份理解、宽容、支持和帮助，其实也是善待和帮助自己。在当今这样一个合作的社会中，人与人之间更是一种互助的关系。只有我们先去善待别人，善意地帮助别人，才能处理好人与人之间的关系，才能使自己所做的事情获得成功，从而获得双倍的理解与快乐。

在一个风雨交加的夜晚，一对上了年纪的夫妇来到一家小旅店。他们对店里的伙计说："我们找遍了所有的旅店，都已经客满，我们想在你这儿住上一晚，可以吗？"夫妇俩的行头非常简单，像是一对穷苦人。

年轻伙计非常热情，一边把两位老人往里请，一边解释说："这两天生意特别好，我们这里也是客满。二位年纪这么大，没有一个落脚处不方便。这样吧，要是二老不介意的话，你们就睡在我床上吧。""这怎么好意思，你怎么办？"夫妇说。年轻人笑着说："我身体好，在桌子上趴一会儿就可以了，没事的！"

第二天早上，夫妇来付房钱，年轻人坚持不要，说："我的床铺不是用来盈利的，不能收钱。"夫妇很感动，临走时对年轻人说："你可以成为一流旅店的经理，我们会给你盖一座大酒店。"年轻人对他们的话根本没有往心里去，只当是开了个玩笑。

两年以后，年轻人收到一封信，信里还附着一张到纽约的双程机票，信里的意思是请他去看望一位老朋友。年轻人实在是想不起在纽约还有一位老朋友，但还是去了。当看到老夫妇俩时，他才想起两年前的事。

夫妇带他来到第五大街第三十四街的交汇处,指着一座新盖的高楼说:"这就是我们为你盖的大酒店,你愿意做这个酒店的经理吗?"

帮助了别人,别人会对你感恩,你的人际关系将更加和谐,而当你有了困难时,对方也一定会愿意帮助你、回报你,帮你打开成功的大门。所以,请记住这一点:一双充满善意的手是你一生的财富。

为别人付出，容易忽略自己

给予者非常在乎别人对他的看法，他们希望被视为最优秀的，也是也最无私的付出者。他们认为自己很有魅力，很有爱心，能够给很多人带来帮助。

这类型的人致力于满足所有人的需求，确切地说应该是与他有关的每个人的需求，他们坚信自己的付出会得到他人的信赖和支持。他们往往觉得自己是他人的后盾，却往往忽略了自己的需求。

某家庭企业的老板叫莎度拉，她就是个典型的给予者。她是个寡妇，当时她打算退休，将事业交到她三个儿子的手上，但似乎始终交不出真正的掌管权力。莎度拉的一个儿子负责销售，一个负责工厂，另一个则负责办公室运营。当任何一个孩子在其管辖的业务上发生问题时，都找母亲讨论对策，而母亲在未征询另外两个儿子的情况下，便开始执行可能影响到他们的调整。当另两个儿子的业务真的因调整而受到影响后，莎度拉会基于最好的意图再作出进一步的调整。虽然莎度拉声明想退出，但孩子们都感到整个事业太依赖她了，没有她，他们该如何经营？就算孩子们试着彼此直接解决问题，莎度拉总是忍不住插手。"我为什么不把事情弄得更简单呢？"她问道。最后，莎度拉发现是自己借着煽风点火，使自己立于不可或缺的地位。她在帮助儿子们的伪装下，继续控制事业，一直到她察觉到自己舍不得离开的那部分完好无损后，才放心地退出。

给予型的人，总是觉得自己是"我对大家好，不必期待任何回报"的人，也就是他们不肯承认对人亲切是想赢得他人好感的手段。结果一旦得不到别人善意的回报，就会气愤地说："我对你这么好，你竟然……"并感到不满与焦虑。下意识有了这种想法之后，就更期待别人带给自己幸福，这样下去，就失去了自我。

例如有的老师说，自己辛辛苦苦，下课时间都在为学生讲题，为什么学生不但不感动，还公然与她顶撞？有家长聊起自己的孩子就会说，我把所有的时间都花在他身上，为什么他还要嫌我啰唆，宁愿跟朋友腻在一起，也不

愿意回家？有的朋友在谈起自己失败的爱情时说，为什么我对他这么好，全心全意地付出，他还是不能珍惜我？

当然，其中的原因可能有很多。但仔细想想，有一点原因，是否我们都在被那句"付出总有回报"误导？

如果我们不曾付出，也许我们就不会有希望，也就没有了失望。但是，并不代表我们只要付出了，就会有自己想象的回报。因为我们面对的，是有主观感情的人。你为他或他们做的事情，到底是不是其需要的？会不会反而会为他带来困扰？

有一个女孩，被一个男孩子喜欢上了。平心而论，那男孩的条件确实不错，但是，他不是那女孩喜欢的类型，所以，他被拒绝了。结果那男孩开始卯了劲儿地追求：每天送花；女孩咳嗽，他立马跑去买药；女孩喜欢吃鱼，他马上买个保温瓶，去饭店煮了鱼汤送过来……这下，女孩身边几乎所有的人都被感动了，大家劝这女孩："人家这么为你付出，多好啊！你还在犹豫什么呢？"可那女孩对他的感情不但没有加深，反而越来越烦他。因为自己已经没有了独立的空间，而且，因为自己的不勉强，让外人觉得自己是"铁石心肠"。她说，一个连自我都没有的男人，如何让我动心？

故事的最后，是女孩的一个朋友去找了那个男孩，告诉他，每个人都有自己的活法，不管是什么目的，都不能理直气壮地去强求。有的女孩，喜欢昏头的浪漫，你这么做，自然一拍即合，皆大欢喜，但如果这女孩喜欢独立与自由，你就该退后一步，也活出自己的样子来。你要是做不到，干脆就放手吧，去找真正适合自己的人。

故事片的男主角就是一个典型的给予者。因此，对此类型的人来讲，付出代价绝不能是失去自我，自己都活不好，人家也无法心安理得地享受你的付出；付出，也不代表为他好就行，还需要真正去了解对方的需要。不然，只能让你付出的对象感到有压力，觉得烦躁，即使他理解你的本意。

这类型的人应该了解"别人是别人，我是我"的道理，不可无谓地期待别人的称赞或感谢。了解"自己的需要必须由自己去追求"的道理，否则，即使牺牲自己为人服务也得不到真正的满足。明白了这个道理之后，必定能走向积极的人生。

每个人的生命都是宝贵的，时间都是有限的，不要低着头一味付出，多考虑对方的感受，能让你事半功倍。

擦亮双眼，不要为小人付出

毋庸置疑，在工作中，一个优秀的合作者是值得共事的，他们可以承担责任并提供价值增值。在风险投资及创业过程中，不管你投资谁或雇佣谁，其结果不论好坏，都会随着风险不断放大。优秀的CEO会吸引优秀的人才，相反，那些品质低下的CEO则会抵制人才。前者拥有广阔的视野，而后者则只能看清楚自己眼前的那条小路。

小人，人人厌恶。偏偏小人是无孔不入的，无论什么性质的公司，无论什么规模的企业，都有可能出现小人。小人非常善于给同事穿小鞋，公司的小报告都是他们打的。他们喜欢揭人的短，有鸡蛋里挑骨头的本领。还有一点，小人总是口蜜腹剑，把领导哄得团团转，深得上级厚爱。你知道小人卑鄙，却不能奈何他，更不能得罪他，一旦得罪，可能会在今后的工作中连连栽跟头，落个惨兮兮的下场。

什么是小人？小人怎么会这么厉害？首先，小人是非常善于拍马屁、吹捧人的，他们就喜欢对领导摇尾巴，自然容易讨得欢心；

第二，小人两面三刀，人前一套，人后一套。上班族压力大，谁都想把工作做好，哪有工夫去辨别小人嘴里的真假虚实，说不定什么时候，你就被小人的虚情假意给蒙蔽了。或许你会问，小人这样做不累吗？当然不累，他们最喜欢耍花招，即使脑细胞费掉一大片，也乐此不疲；

第三，小人喜欢挑拨离间，打击异己。小人最看不得跟自己做对的人，为了打击对手，他们可以使出一切卑鄙手段；

第四，小人总是花言巧语，能言善骗。小人的嘴永远抹着蜜，什么好听说什么，哄死人不偿命，已经被夸得云里雾里的你怎么能看清这其中的真实意图？

人性大多都是善的，小人的心却是黑的。你的狠毒比不上小人，阴暗比不上小人，冤冤相报的精力没小人旺盛，对付人的花招和心眼也没小人多。

所以,还是别跟小人斗,别去得罪他们。

　　小人做的大都是两败俱伤的事,他们宁可伤害自己,也要毁了得罪过他们的人、遭他们妒忌的人。天长日久,有些小人的真面目自然会显露出来,被大家遗弃。可小人都是很高明的,他们才没那么容易被识破,甚至有可能永远不会失手。所以,还是别得罪他们为好,免得他还没落败,你先吃了哑巴亏。

　　当然,不得罪小人,不代表就要受欺负。该怎么对付小人?这里有几个原则。离小人远,他会心生怨恨;离得近,容易被他抓住把柄,所以,对小人要勤打招呼,少说话;不要主动和小人来往,也不要拒绝和他来往;不和小人深交,但也不和他们绝交;可以给小人一些好处,但绝不要占小人的便宜;不要进小人的圈子,也不要让小人深入自己的领域和内心;不去刻意帮助小人,不阻拦小人想做的事,不去规劝小人,不参与小人的活动,也不讨论小人的行为,由他发展,任他自生自灭就是。细菌容易繁殖,小人容易得志。小人一旦得志,就可能干大坏事,把天大的好事给毁了,所以不要小看小人。碰上小人,一定要小心。小人不受道德规范的约束、不讲游戏规则,因此切不可与小人结怨。

　　"安史之乱"平定后,立下功劳的重臣郭子仪为了防止小人妒忌,从不居功自傲,一直非常小心谨慎。有一次,郭子仪生病了,有个叫卢杞的官员前来探望。卢杞是个声名狼藉的奸诈小人,相貌奇丑,一般人看到他都忍不住捂着嘴笑。郭子仪听到门人的报告,立即让家人回避起来,不许露面,自己一个人走到客厅里待客。卢杞走后,家人问郭子仪:为什么让我们躲起来呢?郭子仪笑着说:这个人长得很丑陋,内心也十分阴险。你们看到他后,万一忍不住失声发笑,他一定心存忌恨。如果这个人将来掌权,我们家族就要遭殃。后来,卢杞当了宰相,拼命报复,把所有得罪过他的人都除掉了,唯独对郭子仪还算比较尊重。

　　可见,不得罪小人,能够避免许多不必要的纠纷和麻烦。遭遇小人时,不能乱了方寸。要想在小人横行的企业里生存下来,要做到以下几点:

　　◎不要为他的无耻动怒,而应该努力工作。与其陷在对小人的哀怨和不满里,不如集中精力做好本职工作。行动是最佳的解释方法和最有力的反击武器,一切造谣中伤的话都抵不过事实。

◎不要恃才傲物。居功自傲的人，容易被小人利用。你的自傲会让同事疏远你，不愿意和你沟通，精明的小人就会乘机兴风作浪，挑起误会。而与大家和睦相处，小人就找不到挑拨离间的借口。

◎和领导保持沟通。如果你工作出色，就会遭小人忌妒。干得越多，出错的概率越大，一旦出现失误，小人就会借题发挥，在领导面前诽谤你，说你过于骄傲才犯下了错。还会在同事面前诋毁你，说你听不进大家的意见才造成了失误。这时，你需要及时跟领导沟通，把实情说出来。你不说，领导不会知道事实真相。日久天长，谗言会断了你的前程。

◎以平常心笑看小人的闹剧。当然，平常心不等于漠然对待，不等于让流言到处飞，需要解释时气定神闲，需要澄清时不愠不火。不把情绪带到脸上，拿捏好相处的火候就行。

职场有小人并不可怕，可怕的是你拿不出好的方法面对这些人。所以说，任何时候都别得罪小人，这样，你的职业航程就不会遭遇暗礁，你的职场路就会越来越顺畅。

对于每个人来说，拥有的时间都是有限的，根本不值得在那些小人身上浪费时光。所以，你要小心选择你的伙伴。如果你没有在意合作伙伴的某些人品问题以及一些含糊的异常举动，那千万要注意，你可能会陷入令你后悔莫及的困境。随着时间缓缓流逝，你会发现，你已经处于一个都是小人的环境中了。

为自己而活,才是关键

大多数人都很在意别人的看法,想努力去扮演好朋友、亲人、爱人的形象,给人留下好的印象,这点不可否认。但是凡事都有个度,太在乎了,就等于把原本一张挺洁净的纸涂得五彩缤纷。也许有人会为你鼓掌,你终于成为他们眼中所认可的那个样子和那种形象,你自己也很开心,因为你的虚荣心在作祟,但紧接着你就会收到你为此而付出的代价。就像是饮料虽然很好喝,但它永远也比不上纯净水解渴,到最后,一个不真实的没有自我的人终究会被大海所淹没。

从前,有一只山鸡住在自己低矮的草窝里,温馨惬意,唯有自己独享。

一天,听说长颈鹿盖了一座高大挺拔的豪宅,森林里的动物纷纷前去观赏,一个个投来赞赏的目光,连连称赞"这房子,真气派!"山鸡见状,非常羡慕,赞叹不已。连忙回家,将自己的草屋拆掉,费了九牛二虎之力建造与长颈鹿同样的庭院高房,以为山鸡变成了凤凰。

房子盖好后,所有的动物都前来祝贺,唯独山雀没有到。在大家赞叹不已之时,山鸡洋洋得意。面对这些突如其来的赞美,山鸡有些忘乎所以。

悄然中冬季已至,寒风袭来,阵阵刺骨,山鸡住在自己冰冷的家中,缩成一团,但是,只要有人来看房,它便会装作一副轻松愉悦的样子。

这时山雀到了,见屋内如此阴冷,便劝道:"不要总为别人活,要为自己而活,爱慕虚荣,最终吃苦的只能是自己。"

山鸡非但不听,反而恶语相加:"山雀毕竟是山雀,你总跳不出自己的圈子,目光短浅,怎么能成大事……"山鸡振振有词地教育着山雀。

天气一天天变冷,山鸡一天天挨冻,但它只要一想起其他动物的赞美,便无怨无悔,最后,冻死在了动物们的赞美声中。

这是个可悲的故事,而现实中的我们又有多少人,做了多少回愚蠢的山鸡呢?

人是虚荣的动物，懂得粉饰和掩藏，都喜欢得到别人的赞美和崇拜，所以会有"忠言逆耳"之说，有时难免误入歧途，像山鸡一样，做一些专供别人赞美的事。可是物极必反，过犹不及，面对不期而至的鲜花和掌声，又有几个不沉醉得意呢？一旦将虚荣定位于生活的基调，本末倒置，便会陷入可怕的境地，结局势必像山鸡一样悲惨，正如俗语所说的"死要面子，活受罪"！

年轻时，为名为利，还美其名曰"为理想而奋斗"，不是想方设法取得别人的羡慕，就是为他人作嫁衣裳，有多少时光真正属于自己呢？我们一边大声疾呼自由，一边又作茧自缚。及至暮年也许会幡然悔悟，可早已是日薄西山，垂垂老矣。角色的错位，灵肉的分离，人类的悲哀远不止于此。

所以说，人得学会为自己而活，在别人欣赏的目光中诚然可以得到满足和愉悦，但它们实则如街头快餐一样没有营养，多吃无益于人的成长。

为自己而活，也许不能和那些高尚、伟大的人生理想相媲美，但也绝不是自私自利的代名词。实事求是才能有所作为，为自己而活恰是一种朴实自然的人生态度，平平淡淡，真真切切。

为自己而活，找准位子，永远不做无知虚荣的山鸡，才能活得更踏实。身处在社会中，每天接触形形色色的人和事，虽然头脑可以由自己支配，但往往有些时候会身不由己，看别人的脸色行事。这时，你只是一个躯壳，而灵魂却掌握在别人的手中。

我们都知道命运掌握在自己的手中，所以我们要为自己而活。我们没有必要为了旁人，因为我们有自己的人生道路。

一位哲学家曾经说过这样一句话："每个人爱自己都超过爱其他人，但他重视别人关于自己的意见，更甚于重视自己关于自己的意见。"一个把别人的眼光当成衡量自己的标准的人，他的神经永远紧绷着，随时随地准备替换自己，他的一切都被约束着，这么累的活法，何必呢？难道别人说你睡觉的姿势不好看，你就不睡觉了吗？难道别人说你长得丑，你就非得郁郁寡欢、恨天恨地、巴不得去整容吗？难道别人说你一文不值，你就要伤心流泪甚至跳楼吗？人生不过短短几十年，我们无法预知将来，我们所能做的只是让自己开心，让我们的生活更有意义，而不是对着镜子苦恼。

有一天，你真的能把对他人脸色的恐惧抛弃在脑后，那么你也就可以全身心地来为自己的前途打拼了。现在就算是一时挣脱不开别人对你的束缚，

你仍可以朝着自己的目标奋发。

所以说，为自己而活，为了自己的前途，归根到底还是为了自己能有一个好的生活。那么，我们常说的"报效国家"与"为自己而活"是否矛盾呢？其实两者不矛盾。当然，我们也要为国家着想，因为国家是由一个个"人"组成的，如果人人都发展自己，都在努力拼搏，也是对国家作出的一份贡献。这样，不也是"报效国家"吗？当你活出个样子来时，你也有了资本来奉献社会，这不是一举两得吗？

为自己而活，不再受人驱使，不再受人干扰，为了自己的梦想、前途，迸发出无穷的力量吧！当你成功时，你一定会站在云端，回首自己的奋斗史，发出感慨，那时你一定会更加坚信：要为自己而活！

附：给予者的职业点拨

❶ 小心侵占了别人的私人空间。有时候，别人未必想要你帮忙，不要把别人的问题都放在自己身上，要知道自己的责任范围止于哪里。

❷ 为了工作，花太多时间建立人际关系，不免忽略了工作本身。

❸ 不要刻意追求别人的赞赏，这样可能会弄巧成拙。

❹ 学会爱己如人，不要一成不变地只知付出。在某些情况下要先顾及自己的需要，因为没有人会比自己更重要。

❺ 要留些独处的时间给自己。

❻ 给予者最适宜的工作环境：能进行很多人际沟通，被重视的环境。能与权威套近乎，能对权威给予支持的环境。

❼ 不适宜的工作环境：缺乏正面的人际沟通，不被重视，无法得到别人的认可和赞同的环境。

第 3 型

实干者：
"成功来自脚踏实地的努力"

> 实干者对于手头的工作和未来的目标总是充满激情。他们吃苦耐劳、尽心尽力，而且他们的努力能够感染其他人去表现得更加出色。他们活到老、学到老，总是能给自己找到乐趣。
>
> 不论是对于自己，还是对于工作，此类型人都希望保持积极向上的正面形象。他们愿意支持那些社会公益活动，帮助他人通过自身努力获得物质上的富裕。他们还非常愿意成为领导者。

实干者的自我测试

1. 我习惯推销自己，从不觉得难为情。
2. 我喜欢当主角，希望得到大家的注意。
3. 我是一个天生的推销员，说服别人对我来说是一件很容易的事。
4. 我做事有效率，也会找捷径，模仿能力特强。
5. 我常夸耀自己，对自己的能力十分有信心。
6. 我性格外向，精力充沛，喜欢不断追求成就，这使我的自我感觉十分好。
7. 我很少看到别人的功劳和好处。
8. 我忌妒心强，喜欢跟别人比较。
9. 别人会说我常常戴着面具做人。
10. 我常常可以保持兴奋的情绪。
11. 有时我会讲求效率而牺牲完美和原则。
12. 我喜欢告诉别人我所做的事和所知的一切。
13. 我做事很有效率，因为我总是分秒必争。
14. 只要我愿意做的事，我一定做得很好。
15. 我总是在别人面前表现我的乐观、积极和进取。
16. 我常害怕别人利用我。
17. 我不喜欢依赖别人，就算是比较亲近的人，因为想依赖必容易受伤害，但我很会利用别人来呈现自己。
18. 生活如果没有目标，那活着必枯燥而没有意义。
19. 我喜欢听赞美的言辞。
20. 在公众场合，我喜欢成为别人目光的焦点。
21. 我不喜欢跟别人太过亲密，怕被人发现我有弱点。
22. 我是一个做事很讲效率的人，所以我总争取时间、空间使自己成功。
23. 生命中如果没有了目标，那活得实在没什么意义，要想办法追寻。
24. 为了保持和谐的关系，我很会认同别人，所以我很讨人喜欢。

25. 为了追求新东西，我会马不停蹄地前进，别人说我好高骛远，我觉得那正是我的本事。

26. 我很有眼光，会选人来帮助自己，但我讨厌被别人利用。

27. 我的外表亮丽，我也积极乐观，但一停下脚步，内心深处也有悲观、无望的时候。

28. 为了博人好感，常常表现出对别人很关心也很有兴趣的样子。

29. 如果每天无所事事，我会讨厌自己，觉得自己面目可憎。

30. 有时候真怕别人比自己行，所以拼命上进，好像我的疑心病也很重。

31. 表面形象对我来说太重要了，我常用外表的装饰盖住自己的真实情感。

32. 我好喜欢别人夸奖我，我最满足的是掌声及不断地赞美的言辞。

这些问题，若你都回答是，无疑你与实干者相去不远。

踏实肯干是实干者的标签

实干型的人表现出自信、野心勃勃、成功、行动敏捷和热心十足。他们卖力工作来追求自我的目标，而且是极佳的驱动者，能让别人共享他们"任何事都可以达成"的信念。他们的生命，包括休闲时间，似乎是由一系列有待完成的工作或目标所组成的，而且通常在前一个目标尚未达成时，就开始下一个新的计划。他们的脑袋里尽是多重任务，心中牵挂着许多目标，并在必要时给予每个目标应有的注意力。

可以说，踏实肯干是实干者的典型特征。他们踏实肯干，对工作有一种责任感，效率很高，守纪律。在他们眼里，员工如果不做事，就无异于丢掉了立足之本，做不成事，就等于失去了成长和发展的支柱。做事体现了一种责任，做成事体现了一种能力，评价一个员工行不行，除了德的表现外，主要看他肯不肯做事，能不能做成事。

那么，"实干"从何而来呢？

首先，要爱岗敬业。敬业，就是要敬重自己的事业，热爱自己的工作。爱岗，就是无论是好岗位还是一般岗位，无论是大舞台还是小舞台，都要立足岗位做好事，利用舞台唱好戏。

其次，要有事业心和责任感，履行职责，勤奋扎实。要干一行爱一行，爱一行就干好一行，因为任何岗位都可以大显身手，任何舞台都能够展示风采。

最后，既要认真负责又要开拓创新。不论什么工作，不论事情大小，都要认真对待、一丝不苟；承担每一项任务、处理每一件事务，都要兢兢业业、扎扎实实，保证工作的质量和实效。开拓创新，就是敢于创新、善于创新。创新是融责任、勇气、方法、态度等要素于一体的实践活动，是一切工作取得进步的关键因素。做事缺乏创新，最多只能把一件事做对，而不能把一件事做好。

总之，实干家会更快乐，得到的会更多。人毕竟是活在现实当中，是梦就会醒，梦醒之后会发现原来自己一无所有。而实干家并非没有梦想，而是更善于把自己的梦想变为现实而已。在他们看来，无论做什么，若是离了实干都不行，每一份工作都需要脚踏实地的人来执行。

在一本杂志上看到一个伞兵教练这么说："跳伞本身真的很好玩，让人难受的只是'等待跳伞'的一刹那。在跳伞的人各就各位时，我让他们'尽快'度过这段时间。曾经不止一次，有人因幻想太多'可能发生的事'而晕倒。如果不能鼓励他跳第二次，他就永远当不成伞兵了。跳伞的人拖愈久愈害怕，就愈没有信心。"

正是这种"等待"让人们受尽了各种折磨，而实干家就能很好地解决这样的问题。他们不会等待，而是立即行动。若他们是个推销员，那么他们就不会在客户门外犹豫是否要去敲门，而是直接把门敲开，开始推销。若他们钟情于某位姑娘，就不会彻夜不眠地揣测她是否也爱他，而是勇敢地向姑娘表白，表白对实干者来说并不是件困难的事情。

一位著名的演说家曾经这样说道："积极的人生构筑于我们所做的一点一滴之上——而不是那些我们不曾接触的事情。永远不要忘记，构筑人生唯一的原材料便是积极的行动。"

在1932年的经济大萧条期间，一个年轻人从某大学毕业，获得了社会科学的学位。关于自己未来的生活，他没有得到任何的指导，也没有什么自己的想法。他的困境总结起来只有一条，那就是，那个年头的工作岗位极度稀缺。年轻人开始等待，希望有什么好运会降临到自己头上。同时，为了挣钱养活自己，他整个夏天都在一家游泳池做着救生员的工作。

一位经常带孩子来游泳的父亲对年轻人十分友好，并对他的未来产生了兴趣。他鼓励年轻人仔细分析一下自己，看看究竟最想做什么。年轻人听从了他的建议，在随后的几天中，他开始检讨自己。最后，他发现自己还是最想成为一名电台播音员。

年轻人告诉了这位长者他的志向，这位长者鼓励他采取必要的行动，使梦想成真。随后，他走遍了伊利诺斯州和爱荷华州，努力使自己进入广播行业。终于，他在爱荷华州的达文波特市停住了流浪的脚步，成了WKOC公司的一名体育播音员。

"终于找到了工作，这多美好呀。"后来这个年轻人坦率地说道，"不

过,更有意义的是,我知道了应该立即去行动这个道理。"

在竞争日益激烈的今天,我们必须清醒地认识到工作机会的来之不易,无论是在什么工作岗位上,都应该实实在在地做人,积极、忠诚地做事。

由于其可靠性、高效率及处理具体工作的能力,实干者在企业中作用巨大。他不是根据个人兴趣,而是根据组织需要来完成工作,好的实干者会因为出色的组织技能和完成重要任务的能力而胜任高职位。

想要有所作为,那就必然得去解决问题。问题不解决,一切都是口号主义。比如一个企业正面临困难,只有解决了才能继续向前发展,而企业需要的就是能解决问题的人,关键在于我们能否解决问题,从而在企业中做一个实干型的人。

可以说,企业的历史是由员工缔造的,而作为员工,努力克服困难,出色地完成工作是职责所在,而且越想干出点成就的人,就越要克服困难解决问题。

我们现在不要总是想做些丰功伟绩,而是要踏踏实实地做一些实实在在的小事。现在很多年轻人都存在着一个比较严重的问题,就是太过浮躁,缺少踏实肯干的精神。大学生通常是很好的理论家,但却是极差的实干者。他们总是在期待着别人的认可,却不肯把工夫花在提高自己的内在素养上。说得多,做得少,或者说得好,做得差,这个问题亟待解决。大学生应该放低身段,多向别人学习,这样才能适应这个社会的要求。

脚踏实地，更容易作出成就

实干者不懈地追求成功，相当重视自我形象，有理想、有效率，对于手头的工作和未来的目标总是充满激情，把成功看成生命的全部。他们吃苦耐劳、尽心尽力，而且他们的努力能够感染其他人去表现得更加出色。他们活到老、学到老，总是能给自己找到乐趣。这种性格使他们更容易成功，取得理想的成绩。

一位哲人说过："好高骛远会导致盲目行事，脚踏实地则更容易成就未来。"

好高骛远和目标远大的区别就在于能否脚踏实地地为目标的实现而付出足够的努力。人要脚踏实地地走路才不会摔跟头，一个公司要认认真真地做好每一个环节才能赢得市场，员工要勤勤恳恳地完成公司赋予的任务才能逐渐提高自己的能力……路标永远指向前方，但是前进的道路却在我们脚下，只有实实在在地走好每一步，才能走得更远。

一天，两只猎豹一起出去捕食。运气真不错，没多久就看见了一头羚羊，于是猎豹追了上去，可是羚羊跑得很快，追了很久也没有追上。

这时，前面突然出现了一头野牛，其中一只猎豹决定放弃追羚羊，转而去追野牛，它说："要是能够追上野牛并咬死它的话，那可是够我们吃上一阵的了。"

另一只猎豹摇摇头劝它说："咱们追羚羊这么久了，羚羊也肯定跑累了。只要咱们再坚持一会儿，肯定能追上的。"

想追野牛的猎豹听不进，执意要去追。最后，追倒是追上了，可野牛发怒了，它根本斗不过野牛，只好垂头丧气地饿着肚子回来了。而那只追羚羊的猎豹很快就把羚羊追上，美美地吃了一顿。

追上羚羊的猎豹就对它说："我早就对你说了，宁可先吃羊，野牛再肥美，我们又能把它怎么样呢？"

两只猎豹同追羚羊，一只穷追不舍，最后得到了美餐。而另一只中途放

弃，改追野牛，结果两手空空。

人生中有许多东西值得我们去追求。伟大的理想、甜蜜的爱情、事业的成功……但追求的过程是漫长而艰辛的，同时还要经受得起重重考验。当你的追求一时难以实现时，尤其需要坚持不懈的努力。

也许有人劝你脚踏实地一步一步来，有人劝你不要白日做梦，要实在一点。你或许对此不无睥睨：燕雀安知鸿鹄之志。你或许以为自己是鸿鹄是大鹏，一展翅便能冲上云霄；你或许以为自己是盖世奇才，业绩一定远胜李嘉诚、比尔·盖茨……你心比天高，但却好高骛远，因而注定你终将一事无成。因此，一定要面对现实，学会脚踏实地。

如果没有李时珍几十年如一日的采集整理，怎么会有《本草纲目》的诞生；如果没有曹雪芹十载披阅，增删无数次的呕心沥血，又如何有鸿篇巨制《红楼梦》的问世……个人的飞翔，同样需要脚踏实地。

脚踏实地不是事必躬亲，因为居里夫人对她父亲说过她没有时间擦椅子；脚踏实地不是好高骛远，孙楠曾经干过一千多个工种，多年后才将他那高亢的歌声带给我们；脚踏实地不是一蹴而就，刘备一生转战，屡败屡战最终才开创蜀汉。

脚踏实地是一种值得所有人学习的美德。俗话说："种瓜得瓜，种豆得豆。"如果你脚踏实地去做你遇到的每一件事情，那么你付出多少，也就会得到多少回报。相反，好高骛远只能使你眼光空茫、不切实际、不从小处着手、从小钱赚起，从而原地踏步，功败垂成；好高骛远只能使你放弃许多现成的成功机会，你不愿也不屑做艰难而又漫长的原始积累，然而，没有量的积累，又哪来质的飞跃？

美国人克罗克从小就喜欢胡思乱想，被人们称为"丹尼梦游人"。他四处碰壁，在太多不切实际的梦想破灭之后，才意识到脚踏实地的重要性，并下定决心愿意为此付出毕生的努力。意识的转变决定行为的改变，他很快便爱上了眼前的工作，他从咖啡豆和小说的推销、出纳等游移的工作状态中彻底摆脱出来。在芝加哥，克罗克坚定而又执著地当上了"丽丽牌"纸杯的推销员，并且这一干就是20年。

凭着脚踏实地和积极肯干，克罗克不但为自己积累了宝贵的经验，也积累了珍贵的财富，为创业打下了坚实的基础，最终成为世界快餐业的巨头——麦当劳的创始人。

假如克罗克还是一味地好高骛远，没有脚踏实地，在近20年艰苦的推销生涯中没坚持住；假如克罗克没有积累到足够的商业经验和创业资本，那么也许就不会有今天的麦当劳。

成长的道路要一步一步地走，远大目标的实现要靠不断地付出。天下没有"不劳而获"的好事，也没有"劳而不获"的窘事，想要成功，必须付出代价。我们付出的代价越高，将来所获得的成就也就越大。反之，若只愿意付出小小的代价，却想要获得非凡的成功，那就是痴心妄想。

树立远大的理想固然有利于自身的成长，但这种成长必须建立在脚踏实地的努力之上，缺少了脚踏实地的精神，就会失去克服困难的勇气，就会成为名副其实的"眼高手低"之人。何为"眼高手低"之人？就是那些自认为自己才华卓越、能力超强，不屑于做自认为是鸡毛的小事，而一旦赋予他重要的使命，却又无法完成的人，这种人往往会被现实、被社会所淘汰。

老板都喜欢实干的员工

拥有实干精神，企业会越来越大越强；拥有实干精神，你自身也会不断成长，获得成功。实干的企业，会做到大智若愚、大道无形；实干的员工，会自动自发，在有所失处有所得。实干的员工具有较丰富的实践经验，对工作总是勤勤恳恳，吃苦耐劳，有一种老黄牛的精神，他们会发自内心地严格要求自己去对待工作，老板们对这类员工通常也更加关心、激励。

艾森豪威尔年轻时经常和家人一起玩纸牌游戏。一天晚饭后，他像往常一样和家人打牌，这一次，他的运气特别不好，每次抓到的都是很差的牌。开始时他只是有些抱怨，后来，他实在是忍无可忍，便发起了少爷脾气……

一旁的母亲看不下去了："既然要打牌，你就必须用手中的牌打下去，不管牌是好是坏。好运气是不可能都让你碰上的。"

艾森豪威尔听不进去，依然愤愤不平。

母亲于是又说："人生就和这打牌一样，发牌的是上帝。不管你手中的牌是好是坏，你都必须拿着，你都必须面对。你能做的，就是让浮躁的心情平静下来，然后认真对待，把自己的牌打好，力争达到最好的效果。这样打牌，这样对待人生才有意义。"

艾森豪威尔此后一直牢记母亲的话，并激励自己去积极进取。就这样，他一步一个脚印地向前迈进，成为盟军统帅，最后登上了美国总统之位。

的确，上帝发的"牌"总是有好有坏，一味埋怨是没有半点用处的，应该认真打好自己手里的"牌"。不管手里的"牌"是怎样的，只要我们有实干的精神，那么自然就会有结果，否则就会一事无成。

实干造就了一批成功的企业家，他们不好大喜功，做事扎扎实实；不求大，但更求强；不求有多快，但一定要稳。他们理解了什么是真正的"做大做强"，他们敢干但不蛮干，内外兼修，可以称得上是这个时代有实干精神的典型代表。

实干精神也最终会打造出我们的能力。经过想干事、敢干事、会干事过程的锤炼，我们已能自动自发并有了主动承担责任的心境。毕竟，能力比金钱更重要。同时，能力又是我们终有所得的保障。归根结底，人生的一切，终因实干才有所得。

当然，人生不会是一帆风顺的，许多成功人士实干的一生也是跌宕起伏，既有攀上顶峰的风光，也有坠落谷底的失意，但他们终不后悔，因为俯瞰人生，往往是在有所失处就会有所得。而对于我们普通人来讲，工作的过程就是我们实实在在实干的过程。工作，已不能理解为一种简单的雇佣与被雇佣关系，更应理解为一种投资关系，因此，我们的忙碌不应该是一种被逼无奈的行为，而是为自我增值的忙碌。很多人在工作中总是抱怨得到的太少，其实在工作中，逐渐积累的经验和人脉，就是我们赢得的投资收益。

可以说，企业已把它能给予每一个员工的发展空间给了我们。无疑，一个有着实干精神的人，越心存感激，越力图回报企业，越能自动自发。就算有挫折，他们依然有实干的信念，肯发挥智能，为实现生命价值而快乐地工作着。

实干者兢兢业业、一丝不苟地工作，默默无闻地在平凡的岗位上一心一意苦干，在工作上是行家里手，用"老黄牛"来形容一点也不过分。正因为这一点，没有私心的人认为这个人的工作能力是有的，就是太死心眼了，难以重用。有私心的人认为这个人脑筋不转弯，要重用这人对我何利之有？用也罢不用也罢，吃亏是福，平淡是真，实干者常以此聊以自慰，他们凭良心做事，问心无愧。

山东籍王先生来到西班牙，经朋友介绍，来到巴塞罗那的一个韩国老板的装修队做工。王先生为人厚道，聪明能干，踏实敬业，从进了这家装修队就没有换过地方。对工作精益求精，赢得了老板的高度赞赏。在大赦期间，老板帮助他东奔西跑，终于获得了居留权。王先生为了答谢老板的帮助，在工作上更加努力，无论装修队景气好坏，他始终如一，没有离开过装修队一天。去年，王先生在和老板的一次闲聊中，有意向老板透露了想把儿子办理出国的意向。老板向王先生问明了许多情况后，表示愿意分文不收地给他儿子办理申请手续。结果半年后，王先生的儿子就顺利地来到西班牙，并且直接来到这家装修队做工。

在儿子上班不久，经王先生恳切要求，老板才在一家华人餐馆里接受了父子俩的盛情宴待。

其实，人实干一点好、本分一点好。正是有了一大批员工的实干，企业才能兴旺发达，如果企业员工能以实干作为做事的准则，形成一个健康稳定的大环境，那么企业更会蒸蒸日上，红红火火。

过高的目标,将会给自己无形的压力

实干类型的人在旁观者的眼中,是注意力高度集中的成功者。事实上,他们只是为了要表现得比别人更好,让自己保持积极向上的情绪,因为这类型人的自尊建立在胜利的基础之上。

实干者总是处于活动的状态,实际上是一个控制的方式。他们喜欢同时忙碌于多件事情,这是他们的习惯,这种注意力的支配方式被称为"多相性思维"。

多相性活动让个人无法将内在注意力集中在单一事项上。这类型的人在工作中,很少会把全部注意力都放在手中具体的工作上,他们会关注接下来要做的事情。基本上,他们没有思考和反省的时间,也没有时间去分析哪些事情应该优先处理,更没有时间去关注自己对工作的个人感受。

这种用注意力关注的方式,就好像为自己的人生建立了一条高速公路,不断地朝着压力和竞争的方向行驶,这是实干者的选择。

实干型的人对环境中任何有利于现有目标的事物都高度敏感。对其周围的人也划分为两种——障碍或助手。对障碍采取不理会或绕开;对助手就挑选出来,看看他们能帮忙做些什么。

障碍会带来压力,压力会让实干者更专注于工作。如果障碍一直存在,他们就会搜肠刮肚地回忆经历过的所有类型情况,看看有没有什么办法可以解决现有的问题。这种把注意力集中在环境中的各种线索、过去的记忆和经验思维方式,被称为"聚合思维"。这类型的人特别擅长这种思维方式。当常规途径无法解决问题时,他们往往能够通过这种思维方式,找到创造性的解决方式。

所有这些都是由于实干型人的目标过高造成的,而过高的目标也使实干型人的压力倍增。因此这类型的人应学会适当降低目标和对自己的要求,学会停止手头上的工作,以降低压力,还自己惬意的生活习惯,这就要求他们要学会设计自己的目标。

这目标设计可是有学问的，目标太低不过瘾，会觉得有遗憾；目标太高，只怕是心有余而力不足，很多人为了实现目标让自己患上了心身性疾病。因此，制定目标时不得不考虑以下重要因素。

许多成功学的课程不断教导人们，只要有雄心，有干劲，有毅力，就能达到目标，可是人们能否做成事情之前对于其结果总是有预感的，这是存储在人内心世界中的潜意识。想做与能做的事情之间总是有差距的，如果差距太大，就等于是在给自己找麻烦、添痛苦。

不管设置怎样的目标，如果潜意识里认为不太可能实现，那么这个目标就较难达到，所以，我们最好还是把潜意识认同的事情当成目标比较现实。你可将想做的事情以积极的观念有意识地传达到你的潜意识之中，印在你的脑海里，它就会立刻开始行动并运用你的智慧、力量和精力以实现它要做的事，而将消极、悲观的想法有意识地驱除以减少成功的阻力。

那么，怎样才能合理地设计自己的目标呢？先来看一个故事：

1984年，在东京国际马拉松邀请赛中，名不见经传的日本选手山田本一出人意料地夺得了世界冠军。当记者问他凭什么取得如此惊人的成绩时，他说了这么一句话：凭智慧战胜对手。

当时，许多人都认为这个偶然跑到前面的矮个子选手是在故弄玄虚。马拉松赛是考验体力和耐力的运动，只要身体素质好又有耐性就有望夺冠，爆发力和速度都还在其次，说用智慧取胜确实有点勉强。

两年后，意大利国际马拉松邀请赛在意大利北部城市米兰举行，山田本一代表日本参加比赛。这一次，他又获得了世界冠军，记者再次请他谈经验。

山田本一回答的仍是上次那句话：用智慧战胜对手。人们对他所谓的智慧迷惑不解。

10年后，这个谜终于被解开了。他在自传中是这么说的：每次比赛之前，我都要乘车把比赛的线路仔细地看一遍，并把沿途比较醒目的标志画下来，比如第一个标志是银行；第二个标志是一棵大树；第三个标志是一座红房子……这样一直画到赛程的终点。比赛开始后，我就以百米赛跑的速度奋力地向第一个目标冲去，等到达第一个目标后，我又以同样的速度向第二个目标冲去。40多公里的赛程，就被我分解成这么几个小目标轻松地跑完了。

在现实中，我们做事之所以会半途而废，往往是因为高远的目标而产生了巨大的压力，这其中的原因，往往不是因为难度较大，而是觉得成功离我们较远，确切地说，我们不是因为失败而放弃，而是因为倦怠而失败。在人生的旅途中，我们稍微具有一点山田本一的智慧，为自己定下具体清晰的计划，那么一切都将不再是遥不可及的梦想，一生中也会少许多懊悔和惋惜。同时，计划又必须是切实可行的，而不是空中楼阁，不能好高骛远，脱离实际。毕竟，每个人的能力和精力都是有限的。我们知识和能力的增长是一个循序渐进的过程，不能操之过急。

总之，目标过高，会使幸福系数下降。要想做一个幸福的人，人生目的不能高于自己的才能极限，适可而止方能自得其乐。我们为了生活，为了事业，或者说为了幸福，信心满怀地为自己设定雄伟远大的人生目标，并为实现这个目标而不懈地拼搏斗争。诚然，只要付出尽力，胜利会与我们越走越近，这的确是一个颠扑不破的真理，但胜利是禀赋、努力和机会等方面的综合指数，这在今天的现实生活中尤显突出。不是所有的人都能当上将军，大多数人还是要当士兵的。设定人生目标要结合自身的才能，不可贪求虚无，不可好高骛远，自己原来不具备太多，明知条件不足，却还要不遗余力地寻求无法到达的目的，终究还是一无所获。不仅挥霍了精力，糟蹋了年华，也失去了凡人的满足感。

既要踏实肯干，又要灵活多变

实干者虽然踏实肯干，但是也必须懂得灵活多变。很多人和企业在想干事、敢干事、会干事的过程中，也有很多压力、曲折和委屈，但他们已经磨炼出了不意气用事、淡定自若、宠辱不惊，灵活多变的品性，显现出了耐力和生机。

老字号、国企、中药企业这三个词组合在一起，很容易让人联想到"恨铁不成钢"的企业形象；有一定品牌，但"廉颇老矣"；有一定市场，但多是"白头宫女在，闲坐说玄宗"的疲软市场；有一定人才，但更多的是人浮于事；有一定冲劲，但往往在没完没了的人事纠缠中，被拖得"泥牛入海"……

这分明说的就是当时的潘高寿药业，一个有着一百多年历史的老字号企业，却已经到了濒临亏损、四面楚歌的境地。但也正是这样一家企业，新到任的企业老总魏大华只用了八九个月的时间，就带领其高管团队、员工，彻底将企业转危为安。

可以说，对一个高领悟力的人和企业来讲，挫折与委屈都是一种财富。在此过程中，要做到不急躁、不蛮干，委实不易，能成别人所不能成，为别人所不能为，对个人来讲，乃"大丈夫"也，对企业来讲，乃是一种成熟。所以在这里，我们就不难想象，为什么一个举步维艰的企业，在一年不到的时间里能重新再焕发出勃勃生机，与其踏实行事和懂得灵活变通是分不开的。

在发展中遇到困境时，需要每个人都有实干的精神，一同有所担当。而一切不实干的做法，都是在内耗自己的智慧与精力，白白消耗和浪费企业及社会的资源。尤其在社会变革时，在企业转型的阵痛过程中，越有实干精神的人就越会作出成绩。而一味地斤斤计较和抱怨，或者傻干、蛮干的人，都不会有所成就，当时间匆匆走过，人们将感恩和纪念的是那些真正识"实务"的人。

但是，除了踏实肯干外，遇到问题灵活地处理也是必需的，用这个方法不成就换一个方法，总有一个方法是对的。做人做事要学会变通，不能太死板，要具体问题具体分析，前面已经是悬崖了，难道你还要跳下去吗？不要被经验束缚了头脑，要冲出习惯性思维的樊笼。虽说执著很重要，但盲目的执著是不可取的。我们先来看一则寓言故事：

战国时期，秦国有个人叫孙阳，精通相马，无论什么样的马，他一眼就能分出优劣。他常常被人请去识马、选马，人们都称他为伯乐。

有一天，孙阳外出打猎，一匹拖着盐车的老马突然向他走来，在他面前停下后，冲他叫个不停。孙阳摸了摸马背，断定是匹千里马，只是年龄稍大了点。老马专注地看着孙阳，眼神充满了期待和无奈。孙阳觉得太委屈这匹千里马了，它本是可以奔跑于战场的宝马良驹，现在却因为没有遇到伯乐而默默无闻地拖着盐车，慢慢地消耗着它的锐气和体力，实在可惜。孙阳想到这里，难过得落下泪来。

这次事之后，孙阳深有感触，他想，这世间到底还有多少千里马被庸人所埋没呢？为了让更多的人学会相马，孙阳把自己多年积累的相马经验和知识写成了一本书，配上各种马的形态图，书名叫《相马经》。目的是使真正的千里马能够被人发现，尽其所才，也为了自己一身的相马技术能够流传于世。

孙阳的儿子看了父亲写的《相马经》，以为相马很容易。他想，有了这本书，还愁找不到好马吗？于是，就拿着这本书到处找好马。他按照书上所画的图形去找，没有找到。又按书中所写的特征去找，最后在野外发现一只癞蛤蟆，与父亲在书中写的千里马的特征非常像，便兴奋地把癞蛤蟆带回家，对父亲说："我找到一匹千里马，只是马蹄短了些。"父亲一看，气不打一处来，没想到儿子竟如此愚蠢，悲伤地感叹道："所谓按图索骥也。"

这个寓言有两层寓意，一是比喻按照某种线索去寻找事物，二是讽刺那些本本主义的人，机械地照老方法办事，不知变通。

美国威克教授曾经做过一个有趣的实验：把一些蜜蜂和苍蝇同时放进一只平放的玻璃瓶里，使瓶底对着光亮处，瓶口对着暗处。结果，那些蜜蜂拼命地朝着光亮处挣扎，最终气力衰竭而死，而乱窜的苍蝇竟都溜出细口瓶颈逃生。这一实验告诉我们，在充满不确定性的环境中，有时我们需要的不是朝着既定方向的执著努力，而是在随机应变中寻找求生的路；不是对规则的遵循，而是对规则的突破。我们不能否认执著对人生的推动作用，但也应看到，在一个经常变化的世界里，灵活机动的行动比有序的衰亡要好得多。

只知道执著的蜜蜂走向了死亡，懂得变通的苍蝇却生存了下来。执著和变通是两种人生态度，不能单纯地说哪个好哪个不好。单纯的执著与单纯的变通，二者都是不完美的。只有二者相辅相成，才能取得最后的成功。

不仅思考问题要这样，在工作上也应该这样。与领导相处的时候尤其要注意灵活变通。领导能成功的其中一个重要因素就是灵活变通，所以跟在他身边的下属，也要懂得弹性处理法则。所谓灵活变通与弹性处理，跟滑头性格与做事没有原则是不相同的。因时制宜，在某种特殊特定的环境之内，配合需求，设计出最好的可行方案，这就是所谓的弹性处理。比如说，道路分明已经改了道，此路不通，还偏偏要照旧时那个法子把车开过去，这不是坚持原则，而是蛮干。所以，在日常工作和生活中，除了踏实肯干，灵活多变也是必不可少的。

附：实干者的职业点拨

❶ 认清您的为人与所取得的成就是两回事。

❷ 不要不自觉地便出主意，有时也要让别人做主。

❸ 在繁忙的生活中也抽出些时间去与人相处。

❹ 享受一下宇宙那一股自在的动力，感受其自然的起伏、熄灭。

❺ 多花点时间关注情感和人际关系问题，不要过度集中于工作与成就。

❻ 不要用新的工作或新的计划去逃避自己要面对的问题。

❼ 觉醒自己的"虚假"，立即作出改变。

❽ 明白自己的力量有限，要学会接受身边的人，认同他们也有其存在的价值。

第4型
浪漫者：
"我要拥有和别人不同的人生"

健康的浪漫者懂得自我反省，会自觉地、不断地"寻找自我"和感觉内在冲力。他们对自己和他人都很敏感、直觉，富有同情心、机智而又不失谨慎，同时也懂得尊重别人。他们善于自我表现，很有个性，很个人主义。他们喜欢享受孤独，从容地让无意识的内在冲力上升到意识层面。他们会自我表露，容易感动，但很坚强。当浪漫者不健康的时候，他们倾向于展示歇斯底里、难以理解及戏剧性的情绪，比如他们可以同时宣称自己很自信及自卑。由于他们所受的痛苦，他们觉得自私行为是情有可原的。除此之外，自恋、妒忌、怨天尤人及多疑也是他们身上常表现出来的一种现象。

浪漫者的自我测试

1. 我通常感觉自己很特别。
2. 我比大多数人感受深刻。
3. 有时候感觉受困于自己的过去。
4. 有关失落、痛苦和死亡的想象会吸引我。
5. 我的情绪易出现起伏，变化不定。
6. 讨厌没有品味的东西。
7. 喜欢处在美丽的事物中。
8. 我从来不觉得自己普通。
9. 许多人无法了解我。
10. 人们会因我的创造力、热心及强烈的感情而被我吸引。
11. 我能感受到生活中的悲伤和不幸。
12. 被人误解对我而言是一件痛苦的事。
13. 我觉得生活有时是非常的无聊。
14. 我会被刺激和不平凡的事物所吸引。
15. 我喜欢穿得与众不同。
16. 我不喜欢跟从别人。
17. 我宁愿用直觉多于用逻辑去分析问题。
18. 我很相信自己的直觉。
19. 我不喜欢参加群体活动。
20. 我能触碰生活中的悲伤和不幸。
21. 我认为自己非常不完美。
22. 我很多时候感到被遗弃。
23. 我常常表现得十分忧郁的样子，充满痛苦而且内向。
24. 我很飘忽，常常不知自己下一刻想要什么。
25. 我感受特别深刻，并怀疑那些总是很快乐的人。

26. 我有很强的创造天分和想象力,喜欢将事情重新整合。
27. 我渴望拥有完美的心灵伴侣。
28. 我非常情绪化,一天的喜怒哀乐多变。
29. 我很难找到一种我真正感到被爱的感觉。
30. 初见陌生人时,我会表现得很冷漠、很高傲。

这些问题,若你都回答是,无疑你与浪漫者相去不远。

"不走寻常路"是浪漫者的座右铭

浪漫者的人生充满着奇遇、幻想、热情和令人伤感的故事。在他们眼中，没有激情的人，缺乏想象的人，精于细算的人，深思熟虑的人，安分守己的人，都不可能有浪漫的人生。

浪漫的人生是一种激情的激发和燃烧。对于自己所钟爱的人和事，对于自己所向往的奇幻境界，对于自己所营造的神奇图景，充满一心一意的迷醉和渴望，甘愿把自己的全部生命都投入进去，任其自我燃烧，任其生命在燃烧中辗转反侧，经受煎熬，不在乎在烈焰中化为青烟和灰烬。

浪漫本身就是一首激情的歌，它最大的特点就是毫不保留的感情的奉献。这是测试真假浪漫的试金石。因为这个世界上确实存在着各种各样的假浪漫，虚情假意到处拈花惹草，冒充崇高到处招摇撞骗，心怀鬼胎的海誓山盟，斤斤计较还要故作开放……

浪漫不浪漫，关键取决于主观气质和情态。有浪漫气质，自然就会有奇遇，有跌宕、精彩的人生故事。因为浪漫者自己就是这奇遇的主人公、跌宕的制造者、精彩人生故事中的中心人物。

有时我们说，这个人活得真浪漫，并不是由于他的运气特别好，遇到的人和事特别不一般，而是由于他有激情，有气质，想爱就爱得死去活来，不管对方在天涯海角，更不在乎爱的路有多么漫长、曲折、艰辛，只是牢牢地把握着自己的方向，宁肯玉碎瓦烂也不放弃。

所以，浪漫人生并不是规则的、合乎一般标准的人生。它可能是一弯林中的水，一道飞扬的瀑布，一簇疯长的常春藤，激情高涨就会四处横溢，遇经悬壁就会飞流直下，找到依靠就会拼命攀援。精彩的故事往往就产生于这种无规则的骚动与追求之中。

浪漫离不开大喜和大悲。喜的时候神采飞扬，忘乎所以，是美的极致，爱的高峰；悲的时候，则垂头丧气，万念俱灰，是绝望的深渊，痛苦的底层。受不了这份绝望和痛苦折磨的人，最好不要有浪漫的人生。通常来说，浪漫者大都是个人主义者。这里的个人主义不是自私自利的意思，而是凡事从个人感受出发，将感受放在第一位。浪漫者如果感受好，表现就很好；如果感受不好，表现就不好。

浪漫者最怕的就是平凡和平淡。如果你对浪漫者说："明天跟今天一样，明年跟今年一样……"那浪漫者肯定会说："你别拦着我，我要跳下去。"平静的大海和波澜壮阔的大海，浪漫者往往更喜欢后者。

浪漫者喜欢独特的经验，没有经历过的事情他都想体验一番。有一个成功的浪漫型企业家曾对人说，他曾经跑到一个没人认识的城市，在那里当了几天的乞丐，只是想体验一下乞丐那种流浪、漂泊的感觉。

浪漫者喜欢研究心理，喜欢默契。如果你懂他，他就会觉得跟你有默契。浪漫者喜欢幻想，假如你和浪漫者聊天，你会发现，不一会儿他的眼神就变得空洞了，他的思绪早已飞到了远方。浪漫者的美感很好，会用很美的事物来表达自己的感情。从外地出差回来，浪漫者会带很多漂亮的小礼物送给朋友。这些小东西我们平时都不太关注，就算看到了也不会买，因为我们感觉不到它们的美。可是当浪漫者买回来，我们再一摆放，却觉得它们非常美了。

浪漫者大多是内向的，内心受到伤害后，他们一般不会向人倾诉，而是躲起来自我疗伤。浪漫者受伤之后是不会跟人说的，假如浪漫者某天对你说："我离婚了。"你问："什么时候？"浪漫者说："三年前。"这时，你千万别惊讶，因为浪漫者向人倾诉自己内心的伤痛往往是经过了长时间的自我疗伤之后。

浪漫者不但喜欢自我疗伤，而且非常情绪化。但浪漫者并不认为自己情绪化，因为他觉得自己情绪的变化是有原因的。有时浪漫者表面平静，其实他内心早已波澜起伏了，只要你一句话说得不对路，他就冲着你来了。浪漫者也喜欢享受痛苦，表情经常是忧郁的。

逆境中的浪漫者喜欢自我封闭。一般表现为两种形式：一种是玩失踪，他把手机一关，谁也找不到他；一种是把心封上，一旦情感受伤，就会把心锁上，再也不打开心扉跟人交往了。

逆境中的浪漫者非常抑郁，会有吸烟、酗酒等自我伤害的行为；也可能

会有一些破坏人际关系的行为，比如打电话给朋友，无缘无故把朋友骂一通。逆境中的浪漫者总是从多角度看事物，内心的感受太丰富，因此很容易产生无助无望的感觉。别人很难拯救逆境中的浪漫者，浪漫者自己也很难拯救自己，因为他喜欢享受痛苦的感觉，喜欢沉浸在痛苦中，太快乐了会让浪漫者觉得生活不真实。浪漫者说，我痛苦，所以我存在。浪漫者喜欢扮演受害者，并且扮演的形象一般都比较可怜和低级。看到街头的小流浪狗，他会说："好惨啊，我就是它。"人们很难懂他的这一点，他自己也不懂。浪漫者渴望一个拯救者，即一个不用言语就能明白他的心的人、一个凭眼神就能与他交流的人。不仅如此，逆境中的浪漫者喜欢忌妒，常对伴侣说："你爱别人多一些，你不爱我。"

同时，逆境中的浪漫者的情绪也不太稳定，他们总认为自己是最有感受力和最有品位的，内心世界也是最丰富的，所以什么都无所谓，因而经常扮酷，有时还会蔑视周围的人。

浪漫者害怕被遗弃，害怕失去爱，害怕找不到真实的自我，他一生都在寻找一个懂他的人，所以浪漫者对感情经常若即若离。如果想追求浪漫者，那你对他也要若即若离，这叫"以其人之道，还治其人之身"。比如，你第一天约浪漫者吃饭，第二天约浪漫者看电影，第三天接浪漫者下班，第四天和第五天按兵不动，第六天凌晨两点，你给浪漫者打电话，说："浪漫者，我觉得你不太喜欢我，要不咱们分手吧。"然后"啪"的一声把电话挂掉。这时浪漫者肯定就会有反应了："我挺有感觉了。"浪漫者想依赖你，又怕依赖你，才会对你表现得若即若离。

浪漫者喜欢自由自在的工作，而不喜欢做重复性的工作；喜欢独自一人工作，而不喜欢跟大家一起工作。一些朝九晚五的工作，浪漫者是受不了的，他会像失去水分的鲜花一样慢慢枯萎。浪漫意味着一种对传统、对常规的藐视和反抗，它最不喜欢循规蹈矩。激情所到之处，像一道闪电一般，没有什么力量可以阻挡。它是爆发式的，跳跃性的，无可遮蔽和无可隐瞒的，更是不顾一切的。

不随波逐流，往往有新奇的创意

浪漫者时常觉得自己和别人不同，是不平凡和独特的，他们害怕自己随波逐流。而不随波逐流，不落俗套，这样注定只被少数人欣赏。

有一个大型企业，领导者是一个充满活力的人。有远见、有创造性、有智慧、有能力，十分优秀，他的领导方式是命令式的。在构思出主意后，他命令下属们：你这样做这个，他那样做那个。发布完命令后，就宣布会议结束，大家分头去执行，不会给大家反馈的机会。然而，他的指示并不总是万无一失、无可挑剔的。下属们看到了决策的不足，也没有人反映给他。大家在背后这样说："让他弄去吧，这个主意不会带来什么好结果，反正是他的企业，他是企业的头儿。"抱怨完后，增加了心中对领导者的不满，减少了对企业的归属感，但是没有办法，还是要在这个企业供职。其中只有一个人例外，当大家抱怨的时候，他给以适当的解释，领导者给他的任务他会加上自己的分析去完成。

结果有一次，领导者在发布完命令之后。把目光投向他，问道："你说这样可以吗？"

全场的目光惊讶地看着他，为什么他会得到领导这样高的重视呢？他站起来，肯定了领导者决策的优势方面，提出了自己的补充看法。再以后没有该人的评价，决策就不确定。最后，这个人被提拔为总经理助理。

这个被提拔的人就是操之在我的人。

操之在我的人不随波逐流，在力所能及的范围内努力改变小环境。他们认为，不负责任地推卸、抱怨、牢骚，而自己又不做任何努力，等同于平庸。

不为潮流所动是一种精神本色，也是一种做人方法。这要求一个人既要有坚定的自我立场，又要有清晰的做人思路，这样才能有真正"自我"的生活格调，而不会为世事纷扰。

毫无疑问，《肖申克的救赎》算得上是最好、也是最使人震撼的监狱

片。夸张地讲，它甚至像一部传奇人物的传记片，而因为将人物置身于监狱这一特定的环境中，从而最大限度地体现出了人物的精神，即：随遇而安，但不会随波逐流。

年轻的银行家安迪因被判决谋杀自己的妻子罪名成立，被送往肖申克监狱终身监禁。看来这是一所非常黑暗的监狱，就在安迪跟其他人入狱的当晚，一个新入囚牢的胖子因为不停地辩白被狱警活活打死。而道貌岸然的典狱长不但打着"改革"的旗号利用罪犯做苦役达到名利双收的目的，甚至为了维护自己的利益滥杀无辜。在这样的环境里，多数人——包括成为安迪好友的瑞德，选择的都是顺从，被"制度化"，乃至后来会依赖这种"制度化"，心甘情愿地放弃自己的希望和理想。但安迪却不是这样，他的身上有既来之，则安之的泰然，同时，更有心明知，便欲改之的执著。他相信："我是无辜的，所以我不该待在这里。"正如瑞德说的那句话：有的鸟是不会被关住的，因为它们的羽毛太美丽了！对于安迪而言，他美丽的羽毛就是他的信念，他的执著，以及他超凡的智慧与才华。在瑞德看来至少要六百年才能挖出的逃亡通道，安迪二十年就完成了，换言之，这个外表看似懦弱的人，内心却有着他人无法想象的坚定——他从进监狱的第一天开始就决定一定要离开这里，并用了整整二十年来完成这个目标。而更多的人在这二十年里做的是什么呢？习惯，并成自然。正如瑞德所说："刚入狱的时候，你痛恨周围的高墙；慢慢的，你习惯生活在其中；最终你会发现自己不得不依靠它而生存。"随遇而安，但绝不随波逐流。这就是安迪的原则。

试想一下，如果抛开越狱的因素，这部影片何尝不是在探讨一种生活的态度，一种做人的准则呢？当你面临被"制度化"的时候，你该怎样选择？是顺从于改变还是坚持自己的方向？套用影片中的台词：是忙着活着，还是赶着去死？

这部影片提醒我们：人要学会随遇而安，但绝不能随波逐流——如果你希望成为一只不会被关住的鸟。

卡耐基曾问索凡石油公司的人事部主任肯鲍·迈克，来求职的人常犯的最大错误是什么——他应该知道，因为他曾经和六万多个求职的人交谈过，还写过一本名为《谋职的六种方法》的书。他回答卡耐基："来求职的人所犯的最大错误就是不保持本色。他们不以真面目示人，不能完全地坦诚，却给你一些他以为你想要的回答。可是这个做法一点用都没有，因为没有人要伪君子，也从来没有人愿意收假钞票。"

要知道，我们每个人的个性、形象、人格都有各不相同的特色，我们完全没有三心二意的必要。

在个人成功的经验之中，保持自我的本色及用自我创造性去赢得一个新天地，是更有意义的东西。因为，你是这个世界上唯一的你，应该为这一点而庆幸，应该尽量利用大自然所赋予你的一切。归根结底说起来，正如，你只能唱你自己的歌，你只能画你自己的画，你只能做一个由你的经验、你的环境和你的家庭所造就的你。不论好与坏，你都得自己创造一个自己的花园；不论是好是坏，你都得在生命的交响乐中，演奏你自己的乐器；不论是好是坏，你都得在生命的沙漠上数清自己已走过的脚印。

别人的，哪怕是已经形成潮流的东西，对你来说也是没有用处的，跟随它们只会使自我消失。当然，顺应潮流也许在短期内会有所益处，但从长远看，还是不随大流走更有前途。

以巧制胜，善于找到突破口

浪漫者通常能够以巧制胜，善于找到突破口。以巧取胜，就是可以以弱击强，以少胜多，花最少的力气做成功的事情。以巧制胜这种原则也经常被军事家灵活地运用在战场上面。

1934年，贺龙率领红军进入湖南省湘西土家族苗族自治州中部的永顺县城。国民党军知道贺龙率红军进入该县城的消息之后，便马上派了两个师从贵州方向追杀过来。

贺龙及时分析了敌情，又从别人嘴里得知追杀而来的敌人兵力是红军的一倍，武器装备也优于红军，红军要与这样的敌人硬拼，取胜的把握非常小。于是，贺龙果断地决定：红军撤出永顺县城。在作出这一决定的同时，贺龙命令部队立即烧掉猛洞河上的永顺木桥，为以后歼敌做好充足的准备。

红军坚决执行贺龙的命令，烧掉了永顺木桥，在很短的时间内就退出了永顺城，来到了离城30多里的吊井岩。吊井岩地势险要，敌人自以为贺龙会在吊井岩凭险据守，所以准备集中力量猛攻吊井岩，把贺龙及其红军歼灭在吊井岩完事。但进至吊井岩，得知贺龙率领红军又走了。敌人两次扑空，士气开始低落，但当他们得知贺龙转移到的地点是离吊井岩只有70里的龙家寨时，便作出决定要继续追杀。

但敌人怎么也不会想到，贺龙进驻的龙家寨是个天生的大口袋，正等着他们自己往里钻呢。

其实贺龙就出生在湘西，对这里的地形相当熟悉。因为龙家寨两边是高山，中间夹着三里多宽、二十多里长的大峡谷，天生一个大口袋。所以他决定把吊井岩让给敌人，将敌人牵到龙家寨。贺龙要让追杀红军的敌人钻进这个大口袋，而后把口子一堵，这样就可以扎起口袋来打狗。

到了下午，追至龙家寨的敌军，全部掉进了贺龙的埋伏圈。

贺龙不失时机地一声令下，早已埋伏在两边山上的红军，凭着有利的地形，居高临下，向敌人发起了猛烈的攻击。战至黄昏，敌人已死伤过半，剩下的也没有什么战斗力了。就在这时，贺龙下令冲锋，响亮的冲锋号响彻了龙家寨。红军四面出击，犹如下山的猛虎，直扑敌军。敌人头目见大势已去，带着几个残兵败将，逃离了永顺县城。

谁知，贺龙早已把永顺县城也当作了大口袋的一部分，亲自率部分人马早已抄小路抢先占领了县城。

敌人本以为这次就可以逃出龙家寨了，离开了"大口袋"，进了永顺城，就可以保全性命。但让他们出乎意料的是刚进县城，便遭到了红军的袭击。他们还没来得及想"贺龙是飞来的还是跑来的"，便掉头寻找出路。敌人头目慌忙中察看地图，令残兵败将从永顺桥上撤走。但敌人怎么也没有想到，那座永顺木桥早已被贺龙烧掉了。

这时的敌人，面临的是汹涌的猛洞河水，走投无路，见追击他们的红军已步步紧逼，他们只能纷纷举手投降。

这就是因地制宜，以巧制胜，以弱胜强的典型例子。在现代社会的做人做事中，以巧制胜的事也经常会出现。

小王是一个脑子非常灵活的人，由于小时候家里穷，所以他没有很高的学历，但这并没有妨碍他取得成功。

上个世纪九十年代，他家附近开发了大量的楼盘，接着有很多公司迁移过来。小王看到很多公司的员工吃饭问题很难得到解决，就决定做盒饭生意。一旦决定，他马上动手。由于他做的盒饭物美价廉，很快，他就有了一大批的顾客，小王也在盒饭的生意中小赚了一笔。可过了两三年，他住的地方经过大力发展后，已经初具规模，像他这样的"小摊"要被取缔。并且，他家的房子也要被拆迁。

小王没说什么，他的观念就是人到哪里都需要有饭吃的。

小王失去了做盒饭生意的机会，却看出了刚搬进来的新家附近的环境更好。由于他住的是个新小区，房屋很多，但都是新盖的，垃圾很多，而这些垃圾却都是一些好的建筑材料。小王脑子一转，就想到了收购垃圾。他把这个想法告诉了家人，遭到了家人的一致反对。因为他们的家境已经变好，如果做这些"丢人"的收购工作，邻居会说闲话的。

但小王并没有因此退缩，他很快就建立了一个废品收购站。附近的那些

废品源源不断地被送到了小王的收购站中,而这些废品却产生了比原来卖盒饭更大的利润,家人也开始赞同小王的做法了。

小王根据不同的地理环境,因地制宜,采用不同的赚钱门路,使得自己很快就走上了致富的道路。

小李和小王一样,也是因为"地势"的优势而致富的。小李家处闹市区,但他却没有什么一技之长,只是脑子比较灵活。他家附近开了大型超市,新超市面临缺少人手的问题。小李看到这种情况,一个赚钱的想法出现在他的脑海中。

小李主动与这家超市联系,说自己能为这家超市招来足够的人手。超市方面求之不得,就以每人次给小李提成五十元的方式把招工的事交给小李去办了。

小李发动在农村的姑姑,让她帮忙介绍农村的剩余劳动力,人来了之后,小李再找专门人员对他们进行培训。很快,超市的人手齐备了,小李也从中赚到了一笔不少的钱。

在做人做事时,如果我们能够很好地利用我们周围的地势优势,以巧制胜,找到突破口也可以取得一定的成功。特别是那些本身没有一技之长,却又想通过自己的劳动实现自己的愿望的人,注意地理优势,"因地制宜",以巧取胜,以最小的投入,往往能够达到事半功倍的效果,取得可观的效益,可谓是"一箭双雕"的好方法。

无论是竞争如何激烈的市场,都会存在着市场的"真空地带",而作为一个新入市的品牌,在难以承受领导品牌强大压力的情况下,寻找竞争力度相对很弱,甚至没有竞争的"点"作为入市的突破口,有时往往能产生奇效。

比如我们同样生产碳酸饮料,我们可以将市场细分,寻找"真空"。我们可以开发生产专门针对儿童的"儿童运动碳酸饮料"、"儿童补钙碳酸饮料"等等,虽然可口可乐名气很大,但如果运作得好,在"儿童运动碳酸饮料"这一细分市场,我们很有可能超过它,并成为这块市场的霸主,甚至在细分市场不断分离它的顾客,吞食它的市场,到时超过它也未可知呢。

当然,如果企业拥有强大的资金实力与市场资源,切入市场的难度便不会很大。即便是跨行业进入市场,如果强打硬拼,也能占领一部分市场,但这样就可能动用更多的资源,甚至陷入与强大的竞争对手的消耗战当中。如果能运用智谋,以巧制胜,真空切入,何乐而不为呢?

过于情绪化是浪漫者的问题

　　由于浪漫者具有过分自我的性格，许多时候自己不能获得身边人的认同，常被人批评任性、无纪律等。因惯于遭人否定，会导致自我认同感降低，不信任自己，同时又觉得别人并不了解自己，这种累积的怨愤一旦爆发出来，便不可收拾，因此，这一型人格常有情绪化的表现。

　　他们特别容易被人生哀愁、悲剧所触动，总是觉得过去比现在好，经常喜欢缅怀逝去的事物。他们有时情绪化，对情绪平稳的人会造成困扰……

　　在一般状态下，浪漫者十分重视自己的情绪，喜欢周遭的气氛和美丽的环境，沉醉于追求这些美好的事物。他们着重美感，竭力于寻找美好的经验。当这些理想不能实现时，他们会感到沮丧。有些人会表现鲁莽，故意冒险以对抗命运，来刺激自己的感官。即使不富有冒险精神的人也会暗地里幻想如英雄般悲壮地死去。

　　浪漫者型怕敏感，但又很会敏感。从来只看自己，不看别人，是自我放纵的唯美主义者。他们情绪多变，心情起伏不定，遇上困难时，往往自己就先失去勇气，先投降了。

　　具有浪漫人格的人大多缺少自信心，但从小就喜欢通过事业、艺术来表达个人情感。心情多变，不定之时就会将物品重新摆设，移动家具，按自己的风格进行创作，来安抚心中的不定心情。

　　浪漫型人一定也能发现自己是个很情绪化的人。心情好的时候，总是面带微笑。心情不好的时候，一副愁眉苦脸的样子。受委屈时，别人一提到这件事，他们的眼泪就马上要掉下来。如果担心自己的健康或为什么事情而烦恼时，就整天老是想着它而不想做其他的事情。

　　浪漫型的人很有些情绪化，追求浪漫，害怕被人拒绝，总觉得别人不明白自己，具有强烈的占有欲，凡事喜欢我行我素。爱讲不开心的事，容易忧郁、妒忌，很珍惜自己的爱和情感，所以想好好地滋养它们，并用最美、最

特殊的方式来表达。他们想创造出独一无二、与众不同的形象和作品，所以不停地自我察觉、自我反省，以及自我探索。

有一位浪漫型的太太，在孩子还小的时候，常因自己情绪不稳定，经常对孩子发怒而事后自责不已。但她的先生不但没有落井下石说"你终于看到自己的问题了"或是"你为什么总是犯同样的错误"这样的风凉话，反而紧紧把妻子搂在怀里说："你是最爱孩子的好妈妈，我们的孩子非常有福气能有这么爱他们的好妈妈！"丈夫的了解与接纳，使这位情绪化的太太能从不快中走出来，愿意改变自己去做更称职的母亲。

有人曾问这位先生："当你太太生气时，你会怎么做？"先生回答："我就过去紧紧地拥抱她，用我的嘴堵住她的嘴。"其实这对浪漫型人格的太太来说，是绝好的帮助。

具有浪漫型人格的人虽有胆识、有行动、有作为，唯独少了自信心，但由于自己的一番调适与挣扎，能够回到工作岗位化阻力为助力，使优秀的成绩再度展现，再度跳出框框看到自我，肯定自我不再感情用事，进而创造美好的生活。

他们认为读书也是一样的，当自己今天心情好时，会一读就读大半天，但是如果心情是恶劣的，打死也读不下去；他们会用心去体会任何事，如果别人对自己不好，自己的心情就会不好，如果别人对自己好，那他一天都会很快乐。

他们的神经末梢比别人要多。一些别人觉得寻常不过的事情，都会把他们吸引，久久不能释怀。他们不能忍受自己没有感觉，即使是提不起劲，也要捕捉一些感受，去填补自己，使自己充实起来。有人比喻说，在浪漫型人的体内有一个内置的温度计，它分分秒秒检测着自己的感情热度，这就是他们的能量来源。

正是由于浪漫型人格这种情绪化的性格，给他们的成功带来了很大的阻碍。他们常常自己也不了解及不确定自己的情绪感受，有时觉得自己充满才华、能量十足，有源源不绝的作品出现，有时又会心情沉重，能量完全消失，做任何事都不起劲，甚至觉得自己面目可憎。他们希望自己可以藉浪漫者升华自己的感情，并让人分享自己的创作，又不满意自己的作品庸庸碌碌，平凡一如常人，这样就觉得毫无意义，使情绪陷入无底的深渊之中。

看到别人拥有的优点，浪漫者会很伤心自己为什么没有，心情便立即不开心、沮丧，做什么事都没劲了。

人们喜欢把情绪的变化比作天气，把激情高涨叫作晴好，将哀愁凄苦称为阴云密布，愤怒爆发看作电闪雷鸣的疾风骤雨。客观地说，在多变的生活中没有变化的情绪是不正常的，但是，人人都不希望自己总生活在情绪的跌宕起伏之中，更希望自己能够相对持久地生活在弥漫着轻松和愉快的心境里。所以，调试自己的心境，掌控好自己的情绪，是浪漫型人格者不可忽视的一件大事情。

浪漫型人的情绪易受到外界环境刺激，无论他们在家庭生活中，还是在工作学习上，大到升迁、购房，小到刷锅洗碗，当感到不愉快的时候，应该学会换个角度，用更理智的思维去认识客观事物，宽容自己，宽容他人，这样才可以避开情绪的雷鸣电闪或阴雨绵绵，在轻松愉快中感受生活的每一分钟，才可以取得成功。

忌妒容易使自己陷入抑郁

浪漫的人容易忌妒,而忌妒是一种心理现象。它指的是对别人在某些方面,例如品德、才华、成就、名声、相貌等超过自己而产生的一种不甘心、怨恨的心理反应。忌妒是以错误的认识为基础,引起强烈的情绪反应与不正当的行为。

忌妒心的有无和轻重是衡量一个人心理健康水平的标志。一般说来,心理健康水平高的人,心胸开朗,对先进者由羡慕上升为追赶行为;而心理健康水平低的人,心胸狭窄,对先进者由羡慕转为忌妒。

忌妒不仅影响团结,而且对忌妒者自身的心理健康也产生一定的危害。忌妒可产生一种"无名火",使人心情烦躁,心境抑郁。这种消极的心理状态会降低人体的生理功能,可能导致身心疾病。《三国演义》中的周瑜,将才出众,但与诸葛亮交战却一筹莫展,在"既生瑜,何生亮"的忌妒心理影响下最终被气死。

忌妒是心理健康的大敌。因此,树立正确的、科学的、世界观和人生观是防止或消除忌妒的根本方法。具有正确的世界观的人,就能正确地分析周围发生的事情,科学地对待,对于他人超过自己会感到高兴,而不是怨恨。

关于忌妒,哲人们对它有过很多深刻的论述。斯宾诺莎说:"忌妒是一种恨。"

巴尔扎克说:"忌妒者所受的痛苦比任何人遭受的痛苦都更大,因为他自己的不幸和别人的幸福都会使他痛苦万分。"

雨果说:"凡是忌妒的人都很残酷。"

许多思想家、哲学家、文学家、诗人对忌妒都进行了抨击。但丁说它是"灾星",培根称它是"恶魔",希腊的安提斯德把它贬为"腐蚀剂",我国诗人艾青比喻它为"心灵上的肿瘤"。

有一只老鹰常常忌妒别的老鹰飞得比较高。于是,它找到猎人,对猎人说:"我希望你帮我把天空中高飞的老鹰射下来。"猎人说:"你要是提供一些羽毛,我就能把他们射下来。"老鹰从自己的身上拔了几根羽毛给猎人,但猎人却没有射中其他的老鹰。它一次又一次地提供身上的羽毛,直到身上的大部分羽毛都拔下来了。此时,它已丧失了飞行的能力,于是猎人转过身一把抓住它,然后美餐了一顿。

这个故事说明了这样一个道理:忌妒这东西害人又害己。

忌妒之心可以理解,而因忌妒而死就死得不值了。有人请教亚里士多德:"为什么心怀忌妒的人总是心情不快呢?"亚里士多德的回答是:"因为折磨他的不仅是本身的挫折,还有别人的成就。"

人们常把忌妒潜藏在自己的内心中,而不承认自己在某件事情上有忌妒的心理产生,总是有意无意地掩盖它,结果使自己整日处在害怕被揭露的焦灼不安和痛苦中。

被忌妒心所支配的人,没有进取的愿望和行动,他对被忌妒者每一次的成功,都感到内心不舒服。因此,他们的内心总是处于极度的压抑状态。忌妒者总是把心思用于窥探他人的"隐私"上,整日寻找别人的挫折和失败。这种无谓的消耗,很难让人活得不累。易忌妒者,长时间处在紧张的体验之中,结果积愤成疾,严重损害了身心健康。

忌妒是一种极端消极的狭隘的病态心理,是人际交往中的又一心理障碍。忌妒者往往心胸狭窄,目光短浅,凡事以自己的利益为重,常常鄙夷、诋毁、诽谤他人的成就,而自己又求而不得。这样的人自己做不出成绩,也不让别人有所得;自己是庸人,也不许别人施展才华,甚至做出害人害己之事。

忌妒是一种情感状态,是把强于自己的人看作是对自己的威胁,看成是自己前进道路上的障碍,因而对他感到不悦,甚至产生愤怒、怨恨的紧张情绪。忌妒可以模糊认识,使认识变窄。如果这种情绪不断地加强,会使自己的行为危害社会、危害他人,也危害自己。

一个人遇见上帝,上帝说:现在我可以满足你任何一个愿望,但前提就是你的邻居会得到双份的报酬。这个人高兴不已。但他又一想:如果我得到一份田产,我的邻居就会得到两份田产了;如果我要一箱金子,那邻居就会得到两箱金子了。更要命的是如果我要一个绝色美女,那么那个要打一辈子光棍的家伙就会得到两个绝色美女。他想来想去,不知道提出什么要求才好,他实在不

甘心被邻居白占便宜。最后，他一咬牙："你挖我一只眼珠吧"。

从故事中可以看出，这个人的忌妒心太强，极端自私。忌妒使其行为变得无理智，表现为一种心理变态。

那么，该如何对忌妒心进行调控呢？

首先要防止自私心泛滥，从"小我"中解放出来。忌妒心较强者总爱把自己放在与别人对立的位置上。他们目光短浅，气量狭小，似乎他人获得成就会对自己构成威胁。为此，从"小我"中解放出来，拓宽眼界，正确对待社会，对待人生，科学地分析周围发生的事情，以"心底无私天地宽"鞭策自己，以对社会进步，对为国家作贡献的角度看待他人和自己的进步，就会消除威胁感，进而达到抑制忌妒心理的目的。

其次，要对自己有恰当的认识和评估。一个人对某人忌妒时，总是因为该人在某些方面具有优势，而自己在这方面恰恰处于劣势。明智的做法是，把注意力转向自身的优势和对方的劣势上，在竞争中使心理重新得到平衡，也会使紧张的情绪得到缓解。

最后，要心怀一个高的目标，知道自己的目的地在哪里以及自己现在在哪里。朝着自己的目标前进，至少可以肯定，你迈出的每一步都是方向正确的。在行动开始前就确立目标会让你逐渐形成一种良好的工作方法，养成一种理性的判断法则和工作习惯。

生命只有几十年，生命没有可比性，用自己的努力生活每一天，是对生命最大的尊重。贫穷也罢富有也罢，卑微也罢显赫也罢，只要有一个美丽的心情比什么都富有。而能够拥有美丽心情的秘密只有一个，少一分忌妒，多一分宽容，人就会活得坦然而恬静。

少一点自我心理，多替别人考虑

　　浪漫者通常而言都有一些自我心理，做事时很少考虑别人的感受。要知道，自我中心意识是少数几种不受欢迎的人格特质。一个人如果有强烈的自我中心意识，就会把所有跟自己有关的事都看得特别重要。他们喜欢听自己说话，看重自己的时间，却丝毫不管别人的时间重不重要。他们对于自己的时间、爱与金钱都很看重，对于没有他们那么幸运的人，则吝于伸出同情之手。以自我为中心的人会将别人当作工具或手段，以达到他们的目的。他们只看得到一个观点，那就是他们自己的观点。他们都是对的，别人都是错的，除非你同意他们的观点。

　　一个以自我为中心的人可能很粗鲁，毫不在乎别人的感觉，只关心自己——他们自己的需要、渴望、欲求，会以一种阶级意识的心态来划分人。换句话说，他们会特别看重某些能帮助他们的人，而对那些不及他们的人则置之不理。而且，他们不善于倾听，除非是某些高层人士开口，否则是一概不听的。

　　显然，以上的描绘是一个最坏的榜样，很少有人会这么坏。之所以会这么说，主要是提醒你，绝对不要做这样的人。这会鼓励你看清自己的人格，不要让这样的特质存在。如果有，也要赶快修正。

　　值得注意的是，自尊心与自我中心并不是一回事，这两者是完全不同的。事实上，你可以说这两者是对立的。一个有自尊心的人不但爱别人，也爱自己。因为他已经拥有自己所需要的感觉(对自己的评价很正面)，这时他会毫不自私地积极关心别人。他会对别人说的话非常有兴趣，而且能从中学到什么。他的心中满怀慈爱，总是在想办法帮助人或表达善意。他为人谦逊，对每个人都很尊重、和善。

　　实际上，有许多很棒的理由能说服你不要变成以自我为中心的人。首先，就像前面所形容的，一个太过自我的人，心灵是很丑陋的。除此之外，这一类人也是高压力族群。事实上，他们比其他人更会为小事抓狂——任何

事都会干扰到他，带给他苦恼。世上没有任何事是让他完全满意的。举个例子，以自我为中心的人学习能力很差，因为他们既不听别人说，对别人也毫无兴趣，更不能从别人身上学到什么。除此之外，他们会大声吆喝命令人，让别人根本不想为他做任何一点鸡毛蒜皮的事——你很难为这样一个自傲自大的人鼓舞打气。事实上，每个人都在等着看他的失败。

基于以上理由，你就应该检视一下自己的人格特质，看看你的自我中心意识有多强，做个自我评估。如果你觉得自己陷入其中，不妨赶快在心理上做个调整。只要你能这么做，每个人都会受惠。你会更有心学习，你的生活也会更轻松、更充实。我们不难发现有这样一些人，他们存在着过于浓厚的自我中心观念，凡事都只希望满足自己的欲望，要求人人为己，却置别人的需求于度外，不愿为别人做半点牺牲，不关心他人的痛痒，表现得自私自利，甚至损人利己。要求所有的人都以他为中心，恨不得让地球都围绕他的意愿转，服从于他。他们只要集体照顾，而不讲集体纪律，否则就感到委屈、受不了。他们不愿从客观实际出发，不能服从他人及集体。这种人十分希望别人尊重他，却不知道自己也得尊重别人。总之，这些人的心中充满了自我，却唯独没有他人，信奉的是人不为己，天诛地灭。其根源就出在自我意识过浓，走向了以自我为中心的极端，或者说个人主义思想严重。

无疑，这种自我中心意识对个人来说是极为不利的。这会严重影响一个人的自我形象，也影响良好思想品德的形成，以致被人厌恶、瞧不起。由于这类人把全部心思都放在蝇头小利的追求与意义不大的个人得失上，没有崇高的理想和远大的目标，因而也不可能拥有良好的人际关系。试想，谁愿意与这样的人长期共事或终生为伴呢？或者说，这种人到头来得到的只是芝麻，而失去的是西瓜。

那么，这些人如何才能逐渐克服这种自我中心意识呢？其关键在于改变自己的认识。首先，要正视社会现实，社会上的每个人都有其各自的欲望与需求，也都有其权利与义务，这就难免会出现矛盾，不可能人人如愿。这就要求人人正视客观现实，学会礼尚往来，在必要时作出点让步。当然，应该承认自我的权利与欲望的满足，但也不能只顾自己而忽视他人的存在。如果人人心中都只有自我，那么，事实上人人都不会有好日子过的。

其次，从自我的圈子中跳出来，多设身处地地替其他人想想，以求理解他人。同时要学会尊重、关心、帮助他人,这样才可获得别人的回报,也可从中体验人生的价值与幸福。

第三,加强自我修养,充分认识到自我中心意识的不现实性与不合理性及危害性,学会控制自我的欲望与言行。把自我利益的满足置身于合情合理、不损害他人的可行的基础之上。

对于这类型的人来说,很多时候最应该做的是为企业、为单位、为领导服务,这样自己才有可能发展。要多替别人着想,将心比心地站在别人的角度思考。不管是朋友还是亲人,都要学会换位思考,不能总把自己摆在第一位。人是个群体动物,总活在自己的世界里既没有什么意义,也没什么乐趣。大家开心,我也开心,只有这样,才会体会到真正的开心。

附：浪漫者的职业点拨

❶ 不要受制于情绪。每当有情绪时，要扪心自问是否在逃避其他事情，例如工作，或者反省是否为了闹情绪而闹情绪。

❷ 不要放弃。浪漫者很容易因为一时的情绪而放弃。给点恒心，坚持到底，就会有所收获。不要因为与其他人的看法不同，或者没有达到自己的深度，就彻底地否定他人的能力。

第5型
思考者：
"看清世界之后我再行动"

> 这一类型的人十分重视隐私而敏感。他们内心世界极具想象力、目中无人而且灵巧敏捷，以威吓、有时还令人生畏的手腕掌控他们的计划。这种知性的控制使他们成为魅力无穷的良师，有人说他们是见解和咨询的金矿，是无法接近的隐士。可以说，这一类型的人是九型人格中的智者，是处理秘密的内行人。

思考者的自我测试

1. 我常为别人的行为没有经过一番仔细、冷静的思考而做出来感到非常的惊讶及受不了。

2. 当我不是很了解别人的行为动机时,为了保护自己,我总会与其保持距离。

3. 我的思虑一向周详,因此我善于提供计谋,当参谋是我的专长。我的社交活动大部分是被动的。

4. 我常因思考过多而束手束脚并错失很多唾手可得的机会。

5. 我喜欢看书及收集资料,以确定我做事与为人处世的准则。我常常被不同的人吸引,但又不了解人是怎么控制情绪和情感的,所以我害怕与人相处。为了安全,我宁可埋首工作及书堆。

6. 我的聪明可使我展露出有趣动人的思想,使别人被我的智慧吸引。在我没有绝对弄清楚每一件事之前,我不轻易行动。

7. 我细心观察每件事,并用我的智慧和学识去分门别类,因此对其来龙去脉了如指掌。

8. 喜欢独处、思考,想一些人生、宇宙的哲理,并归类分析。

9. 对知识有强烈的渴求,所以大量收集各方面的资料。

10. 在跟人相处时,常有挫败感,或许觉得别人无法了解自己,但最重要的是别人大多知识匮乏,难以交谈下去。

11. 在做任何决定前,一定先深思熟虑,多方观察,将数据收集齐全,所以在付诸实行前,总是一头栽进去,但规划后的结果往往是放弃机会,不去执行。

12. 总觉得生命实在很荒谬,但又忍不住地探索生命的意义及其荒谬之处。

13. 社交生活的主动性非常弱,在社交生活中总是由别人主动。

14. 不太在乎外表的装扮,物质生活也贫乏,但却有极高层次的精神境界。

15. 实在不了解一般人,对既简单又脉络分明的事弄得乱七八糟。

16. 对于别人的事,不热情,也不会主动帮忙,但在别人的要求下,会帮别人仔细分析得条理分明。

17. 认为知识比人更容易了解及掌握，所以跟人有隔离的感觉，也怕与人接触。

18. 当别人请教我一些问题时，我会巨细无遗地分析得很清楚。

19. 我不喜欢人家问我广泛、笼统的问题。

20. 我通常是等别人来接近我，而不是我去接近他们。

21. 我行事被动而优柔寡断。

22. 我很有包容力，对人彬彬有礼，但跟人的感情互动不深。

23. 我不喜欢对人尽义务的感觉。

24. 如果不能完美地表态，我宁愿不说。

25. 我倾向于独断专行并自己解决问题。

26. 在人群中，我时常感到害羞和不安。

27. 我对大部分的社交集会不太有兴趣，除非那里都是我熟识和喜爱的人。

28. 我不喜欢那些侵略性强或过度情绪化的人。

29. 我不想让别人知道我的感受与想法，除非我告诉他们。

这些问题，若你都回答是，无疑你与思考者相去不远。

善于思考是思考者的显著特征

思考者一生都在发挥思考的力量，时刻拥有对生活的热爱和挑战一切的激情，并借由这种力量去勾画自己的人生，不断为人生填满绚丽的色彩，从而始终拥有精彩、富有挑战性的人生。这是因为思考者身上的那些特质在起作用。

一天，美国前总统罗斯福的家中失窃，损失了很多钱财。一位朋友得到消息后立刻给罗斯福写了一封信，希望可以安慰他一下。不久，这位朋友就收到了罗斯福的回信，信中写道：

"亲爱的朋友，非常感谢你来信安慰我，我现在很平安，请你放心，而且我还要感谢上帝：首先，小偷偷去的是我的财物，但是没有伤害到我的生命；其次，小偷只偷去了我家的一部分东西，而不是所有；再次，最让我值得高兴的是，做小偷的是他，而不是我。"

这是一个广为流传的故事，罗斯福所列举出的三条感谢上帝的理由，充分显示了他作为正向思考者的特质，这种特质也成为他深受美国民众和世界人民尊敬的原因之一。或许谁都不曾想到，这样一位曾在美国政坛连任四届总统，并对联合国的建立作出过突出贡献的政界奇才，竟然会是一个从小患有小儿麻痹症的人。罗斯福的一生都闪耀着夺目的光彩，这得益于他的聪慧与勤奋，更得益于他所具备的正向思考特质，正是这种正向思考特质使他充分发挥出了生命的力量，成为美国历史上最伟大的总统之一。

可以说，善于思考的人更容易获得上天的垂青，因为这些正向思考者身上有着一种独一无二的特质，能够吸引美好事物的到来。因此，我们了解并认识正向思考者所具备的特质，并将其与自身相结合，也是一个剖析自我、认识自我并间接完善自我的过程。

不可否认，善于思考的人都有着几乎相同的人格特质，对于人生的态度也惊人地相似，这让他们拥有了把握精彩人生的巨大力量，使他们时刻心怀感恩、积极向上，为自己的生命而歌。正如霍金所说："我的大脑还能思维，我有终生追求的理想，有我爱和爱我的亲人和朋友，对了，我还有一颗感恩的心……"

成功从根本上讲，是"想"出来的。只有敢"想"、会"想"，善于思考，才会是成功者的候选人。青年人应该善于思考，把别人难以办成的事办成，把自己本来办不成的办成。当别人失败时，你如果可以从他人的失败中得出正确的想法，并付诸行动，你就可能成功。当你自己失败了，如果你能够转换到一个正确的想法上，再付诸行动，你同样可以获得成功。

如果你想要少做一些工作但仍能得到想要的东西，那么你就一定要比普通人思考得更多。当然，如果你的思考本来就是错误的，那再多的思考也是无益。因此，你所想的一定要具备高质量、积极向上并具有创造性。

在现实生活中，平庸的人往往不是懒得动手脚，而是不爱动脑筋，这种习惯制约了他们的发展。相反，那些成大事者无一不具有善于思考的特点，善于发现问题、解决问题，不让问题成为人生难题。可以毫不夸张地说，任何一个有意义的构想和计划都是出自思考。一个不善于思考的人，会遇到许多举棋不定的情况。相反，正确的思考者却能运筹帷幄，作出正确的决定。

世界首富比尔·盖茨在接受电视台专访时谈到，他作为微软公司的总裁，再也没有编写软件的时间了。但是无论有多忙，他每周总会抽两天时间到一个宁静的地方呆一呆。为什么呢？他说，面对繁重的工作和竞争激烈的IT市场，他作为一个企业的管理者，不能把精力浪费在烦琐的小事上，他必须在专门的时间去思考，以作出具有战略意义的决策。

我国近代史上的名臣曾国藩也有这样的习惯。无论战事多么紧张或政务多么复杂，他每天都会挤出一个时辰在一间屋子里静坐，有时是为了平静自己的情绪和心态，有时是为了理清自己的思路。

从上面的两个例子我们可以看出，要想成大事，不善于思考是不行的。因为，只有专注的思考才能聚集自身的力量、勇气、智慧等去攻克某一方面的难题，才能取得良好的效果。

可以说，所有的计划、目标和成就，都是思考的产物，你的思考能力是你唯一能完全控制的东西。你可以以智慧或是以愚蠢的方式运用你的思想，但无论如何运用它，它都会显现出一定的力量。没有正确的思考，你不可能

克服坏习惯，也防止不了挫败。

一个人要想取得一定的成就，必须善于思考，多向自己提问。青年人要成就大事，首先得先思考你的事业，思考你自己，向自己问问题。在事业的开创过程中，不断地思考自己，思考自己所做过的、正在做的和将要做的事情，不断地向自己提出问题，看一看哪些是需要弥补的不足之处，哪些是应该改正的错误之处，哪些是该向人请教的不明之处。只有这样，才会不断前进，走向成功。

向你自己或别人提出迷惑不解的问题，可能使你获得丰厚的报酬。我们都知道这样一个故事：一个年轻的英国人在他家的农场里度假休息，他仰卧在一棵苹果树下思考问题，这时一只苹果掉到了他的头上。"苹果为什么会朝下落呢？"他问自己。这个年轻人就是牛顿。从此，他对这个问题进行了不懈的研究，终于发现了万有引力定律。

积极思考是现代成功学非常强调的一种智慧力量，如果做一件事不经过思考就去做，那肯定是鲁莽的，也是会栽跟头的，除非你特别地幸运。但幸运并非总是光顾你，所以，最稳妥的办法是三思而后行。思考习惯一旦形成，就会产生巨大的力量。19世纪美国著名诗人及文艺批评家洛威尔曾经说过："真知灼见，首先来自多思善疑。"爱因斯坦也非常重视独立思考，他说："高等教育必须重视培养学生具备会思考、探索的本领。"可以说，人们解决世上所有问题用的是人脑的思维本领，而不是照搬书本。

大千世界，每个人都在经历自己的人生，并用自己独特的方式演绎着，当然也有着多种不同的人生结果。有些人始终生活在悲观之中，一生都无法逃脱不快乐的情绪；有些人会因为别人的劝慰而逐渐走出人生的低谷；有些人因为遭遇挫折而一蹶不振，后又受到某些启示而重新充满斗志。对这些人来说，人生往往都有灰色的盲点，甚至暗淡得不堪回首，但是唯有这样一种人，在他们的整个人生中，从来都是充满色彩与活力的，那就是那些懂得运用思考的人。

理智会让自己不陷入被动

思考者拒绝陷入极端的感情，并和团体的压力保持距离，这使得他们可以清楚、超然而又不失想象力地观察事物，有着惊人的理智。不容易分心、不轻易受外在需求所干扰的这一类型人，善于思考事物的本源，他们是思想的工匠，发展、分析并测试着自己的想法，他们甚至还是理想家，秉承着理智的原则，坚信着思想的力量。

虽然他们看起来对外在世界毫无感觉，其实他们对外界的敏感程度绝不亚于浪漫者。哪怕是泛泛之交的一句话，思考者也会为之仔细思量，因为他们会细查每份信息。在他们眼中，一个小小的信息也可能发挥极大的作用，也正因如此，他们几乎从不会陷入被动的境地，他们是现实生活中的支配者。古往今来，成大事者，无不以成熟、冷静的头脑为人处世，也就是所谓的理智。

理智地应对工作和生活，会获得人们的好感和爱戴，也会极大地发挥自己的情商、智商，虽然付出劳动不多，但是效果极佳。很值得我们学习和借鉴。

之所以提出理智地应对工作和生活，是因为人生在世，往往是性格决定命运。有些人，不是他没有才华，也不是他的才华不够，可他工作数年，在单位屡屡不得志，这就很有可能是性格有瑕疵所致。要限制性格瑕疵的出现，减少在领导、同事面前的感情伤害，就需要理智的头脑，需要自己掌控尺度，言谈举止以理智为中心，时刻提醒自己规避性格弱点。这样，不知不觉中，就会取得领导和同事们的赞赏。否则，说话办事率性而为，时间长了就会让人心生厌恶之感，纵然你才高八斗，举荐的人也是很少的。

理智地应对工作和生活，相应的，就有了精神上的轻松。人们在精神最放松的时刻，智力水平往往也会发挥到最高。智力水平高，就意味着胜人一筹、高人一筹，何愁不胜之有？

理智地与人交往，就不会言谈不合适，反而会表现出自然的笑容，无形

之中就有了强烈的亲和力。因为你具有理智,又时时面带笑容,精神放松,就不会出口得罪人、伤害人,你的工作和生活环境就会极为轻松。在轻松和谐的环境下工作,特别容易发挥聪明才智。

不仅如此,有了理智,就会化他人的愤怒于无形,你在团队中就更加具有向心力。

所以说,人生成功与否,关键在于你是否时刻具有理智。不说不该说的话,举止言谈中规中矩,这就是理智。用理智来指引你为人处世,你就会立于人生不败之地。

在现实社会中,一个理智的人可能会失误,也可能会失策,还可能会失算,但他决不会失迷。按照一般常理分析,失误说明他无意中用错误的行动得出了错误的结果;失策说明他无意中用不正确的方法得出了错误的结果;失算说明他无意中用错误的信息得出了错误的结果。失误、失策、失算其实与知识和运用知识的技能有关,可一旦迷失就没有了方向,那么,人一定会因为缺少了对善恶、好坏、正反、真假等内容最起码的认知和判断而丧失真实的自己。

谈到理智,人们似乎都很懂,但要学会理智地生活,做到理智地做事、做人,相对来说就不是那么容易了。要做到理智地生活,必须建立起理智的概念,要从处理事务的结果中找原因。

在现实的生活和工作中,常常会有一些人羡慕别人的功成名就,羡慕他人的学业有成;也有一些人老是在同事之间互相猜疑、钩心斗角,甚至每天都在算计别人的事,把团体搞得一团糟。很少有人能冷静地思考,看看他人是如何勤奋好学,用心工作的。

另外,我们做事不理智的另一个重要原因,就是我们常常会依据心情来做事。心情好的时候,再难的事情也能轻松搞定,而心情不好的时候,容易的事情也能做砸。例如,在工作中,经常会看到一些人无精打采,说自己今天心情不好,什么事情都不想做。这就是情绪化的典型表现。

人非草木,孰能无情?人与动物的最大区别就是情感丰富、智力发达。但是,情绪应该受到理智的约束,否则,就会给自己带来无穷无尽的麻烦,也会伤害到别人。

那么,为什么那么多人会受制于自己的情绪呢?原因主要有三方面:一是不了解自己的情绪变化，二是不会控制自己的情绪变化，三是不体谅别人的情绪变化。

要想克服情绪化，首先要尊重情绪变化的规律。

加州大学心理学教授罗伯特·塞伊说："我们许多人都仅仅是将自己的情绪变化归之于外界发生的事，却忽视了它们很可能也与你身体内在的'生物节奏'有关。我们吃的食物、健康水平及精力状况，甚至一天中的不同时段都能影响我们的情绪。"

塞伊教授做过一个实验，他在一段时间里对125名实验者的情绪和体温变化进行了观察。他发现，当人们的体温在正常范围内处于上升期时，他们的心情要更愉快些，而此时他们的精力也最充沛。

塞伊教授经过研究还发现，一个人的精力往往在一天之始处于高峰，午后则有所下降。也就是说，一件坏事并不一定在任何时候都能使你烦心，它常常会在你精力最差的时候影响你。

其次，要找出情绪低落的原因。

当你闷闷不乐或者忧心忡忡时，你所要做的第一步是找出原因。只有找到了原因，才能对症下药，合理地控制自己的不良情绪。

第三，要学会放松。

学会放松，才能保持理智。放松自己的方式有很多种，经调查显示，亲近自然有助于心情愉快开朗。著名歌手弗·拉卡斯特说："每当我心情沮丧、抑郁时，我便去从事园林劳作，在与那些花草林木的接触中，我的不快之感也烟消云散了。"假如你没有条件总到户外去活动，那么，即使走到窗前眺望一下青草绿树，也对你的心情有所裨益。

另一个极有效地驱除不良心境的自助手段是健身运动。哪怕你只是散步10分钟，对克服你的坏心境都能收到立竿见影之效。

最后，还要学会理解和体谅别人的情绪和心情。

总之，学会理智地生活，关照自己一天24小时中所起伏的思想观念，对未来会有很大的帮助。不去意气用事，使自己的人生不再蹉跎，不去自寻烦恼，这样才会获得成功。

洞察力是思考者的高超技能

　　思考能带动分析，所以思考者的联想力丰富，客观性强，视觉最敏感，从而使思考者有着非常强的洞察力。洞察力是指深入事物或问题的能力，从字面上看，洞察是指对山洞的观察。山洞除了洞口的地方可以被阳光照射外，其他地方越深入就越黑暗，所以在这样的情况下都可以有观察能力，那就说明这个人的观察能力不一般。其实，洞察力更多的是掺杂了分析和判断的能力，可以说洞察力是一种综合能力。洞察力就是分析问题和判断问题的能力，就是看透问题的能力，就是透过现象看本质的能力。它是你人生的心灵感悟，是你人生所有过程的精华结晶。

　　洞察力有利于思考者找出问题的根本所在，加强对问题的解决，可以让你直捣问题的核心，还可以评估各种选择，以获取最有利的条件。

　　在现代商业社会，要想谋求发展，必须要有极强的发现新兴事物、发现现有事物发展方向的个人能力，否则只能跟在别人之后，很难有大的发展。洞察力就是你观察事物的能力。能从见到的事物中先知先觉，觉察到问题的所在。洞察力是一个心理学概念，指心灵对事物本质的穿透力、感受力、洞察事物的能力，简单地说，洞察力是人们对个人认知、情感、行为的动机与相互关系的透彻分析。通俗地讲，洞察力就是透过现象看本质，就是变无意识为有意识。就这层意义而言，洞察力就是"开心眼"，就是学会用心理学的原理和视角来总结人的行为表现。

　　洞察力是理性的创造性功能，能产生出理论与方法来检验理性。虽然洞察力是理性的第一且最首要的功能，但是它绝不是具有决定性和可靠的功能。或许可以说在理性与启示的张力之间，我们看到了一种调和两者的力量，将启示带来的混沌的意识流用理性梳理整齐，从而建构理论的大厦。一方面它可以使理性言语有所依据，另一方面，它没有稳固的基础，单独存在时缺乏真理的气度。

洞察力有先天和后天之分，而且能力的结构和水平也因人而异、因时因环境而异，先天的东西可遇不可求，而后天能力的培植则事在人为。

那么，怎么能让自己的洞察力敏锐点呢？

多动脑很重要，比如在生活中看见某种现象，不妨问问自己为什么会是这样，而不是那样？喜欢推究想象的前因后果是一种爱好，也是提高和检验生活洞察力的好方法，用不间断的思考来丰富自己，加深自己的生活阅历是其一；

多读书，尤其是文学作品和人际交往方面的，哲学思想方面的等等。文学作品是生活的反映，读书就是在增加自己的生活阅历，而读哲学著作能让你的思想变得深刻而又富于辩证，此其二；

培养广泛的兴趣爱好，积极投身于生活实际，有意识地增加实践的机会也是一条途径，此其三。

此外，可以多读一些心理学方面的著作，也对你有帮助。还有，要多反思生活，反思自己的生活经历，思考哪些做得好，哪些做得不好，成功在何处，失败又是为什么，今后该如何努力，怎样才能做得更好……这些都能让你提高洞察力。

巴菲特很看重投资人的洞察力，他在选择接班人时有三个重要的条件：第一，独立思考；第二，情绪稳定；第三，对人性和机构的行为特点有敏锐的洞察力。毕竟，洞察力是一个优秀的投资人必备的素质，而且无法缺失。

世界上有多少人在学习巴菲特，学习了多少年，出了多少本书，但为什么世界上只有一个巴菲特？因为巴菲特身上那些独特的性格和超常能力，无法复制，无法言传，其中，就包括超级能力之一——洞察力。

勇于面对现实中的种种困难和问题，有一个重要的前提，那就是发现问题。发现是解决的前提，只有发现了才能解决。可以说，"发现问题"是"了解工作"的一个重要内容。

发现问题需要敏锐的洞察力，但许多人往往忽略了它。其实，不仅仅是员工，许多优秀的领袖人物也常犯这个愚蠢的错误。

"我告诉你们，威灵顿是个劣等的将军，英国部队也不堪一击。我们在午餐之前就可以解决他们。"这是拿破仑在滑铁卢战役前，对手下的将军的早餐谈话。

"我估计全世界大概只能销出5台电脑。"托马斯·华森——"蓝色巨人"IBM的创始人兼董事长在1943年如是说。

"我不需要保镖。"吉米·霍华在1975年他失踪前的一个月夸下海口。

总之,思考者由于他们敏锐的洞察力能够做到认清事实,发现问题,并勇于解决问题。没有敏锐的洞察力,你的决策有可能变成不切实际的计划,你的行为就会因"盲目"而失去意义。而这一切的结果,则会让你的工作进展得更加缓慢而且艰难,最终陷入失败的深渊。

保持一颗好奇心，让知识充实自己

思考者喜欢知识，喜欢追求智慧，为的是要把握这个充满疑惑的世界。他们认为，有了逻辑，自己才不会犯错误，才敢行动。他们渴望比人知道得多、知道得快，喜欢运用自己的知识和逻辑去驾驭事物和人，可以说，他们是分析能力强、重逻辑、有思考力的人。对于这类型的人来讲，最重要的是要知道的比别人多，懂得比别人快。正是这种对知识的追求与好奇，促使着他们不断向前。

强烈的好奇心似乎是亨特多产智慧的推动力。一天，亨特在伦敦郊外的里士满公园看见一只鹿的鹿角仍在生长，亨特好奇地想知道如果切断头部一侧的血液供给将会发生什么情况。于是，他做了一个实验，系住一侧的动脉，顿时，相应的鹿角冷了下来，不再生长。但是过了一会儿，鹿角又暖了，亨特查明，系带并未松，而是邻近的血管扩张了，输送了充足的血液。侧支循环的存在及其扩张的可能性就是这样发现的。在这以前，无人敢用结扎法治疗动脉瘤，怕引起坏疽，而现在亨特看到了可能性，他用结扎处理膝腘动脉动脉瘤，确立了今天外科上称为"亨特氏法"的手术，奠定了现代外科学的基础。

科学家的好奇心是对新事物的敏感与探求，它是以大量原有的经验和知识为基础的。好奇心是科学家们学习、研究的最初动因，也是最基本的创造心理因素。

在剑桥大学，维特根斯坦是大哲学家穆尔的学生，有一天，罗素问穆尔："谁是你最好的学生？"

穆尔毫不犹豫地说："维特根斯坦。"

"为什么？"

"因为，在我的所有学生中，只有他一个人在听我的课时，总是露着迷茫的神色，总是有一大堆问题。"

罗素也是个大哲学家，后来维特根斯坦的名气超过了他。有人问："罗素为什么落伍了？"

维特根斯坦说："因为他没有问题了。"

好奇心就是人们希望自己能知道或了解更多事物的不满足心态。拥有一颗对世间任何事物的好奇心是一件非常值得骄傲的事情，它甚至是我们成功的基石。

19世纪末到20世纪初，世界科学事业收获了重要的成果。镭元素的发现和相对论的产生，就是其中最引人注目的。这里介绍一下镭的发现。

镭，是一种化学元素。它能放射出人们看不见的射线，不用借助外力，就能自然发光发热，含有很大的能量。镭的发现，引起了自然科学和哲学领域的巨大变革，为人类探索原子世界的奥秘打开了大门。

发现镭元素的，是一位杰出的女科学家，她就是后来为世人所熟知的居里夫人。

1896年，法国物理学家亨利·贝克勒发现了元素放射线。但是，他只是发现了这种光线的存在，至于它的真面目，还是个谜。这引起了居里夫人极大的兴趣，激起了她童年时就具有的探险家的好奇心和勇气。她认为，这是个绝好的研究课题，就同丈夫彼埃尔商量。

"这个课题选得很好，"彼埃尔说，"贝克勒射线前年才发现，我想可能还没有人研究。如果弄清这种射线的性质和来源，可以写出一篇出色的论文。不过，这是件艰巨的事情，困难也很多。"

"我知道，"玛丽微笑着说，"不过不要紧，有你这样一位尊敬的老师合作，就一定会成功。"要研究放射性元素，需要一间宽敞的实验室。彼埃尔东奔西跑，最后才在他原来工作过的理化学校借到一间又寒冷又潮湿的工作间。

实验仪器很少，屋顶漏雨，墙壁透风，条件实在太糟了。但是居里夫人毫不在乎，专心做她的实验。在研究过程中，她发现，能放射出那奇怪光线的不只有铀，还有钍。她把这些光线称为"放射线"。

居里夫人在进一步的研究中发现，可能还有一种物质能够放射光线。这种光线要比铀放射的光线强得多。她认为，这种新的物质，也就是还未被发现的新元素，只是极少量地存在于矿物之中。她把它定名为"镭"，在拉丁文中，它的原意就是"放射"。彼埃尔也同意这种见解，可是当时有很多科学家并不相信。他们认为这可能是实验出了错误，有的人还说："如果真有那种元素，请提取出来，让我们瞧瞧！"

为了得到镭，居里夫妇必须从沥青铀矿中分离出镭来。他们怎样才能得到足够的沥青铀矿呢？这种矿很稀少，矿中铀的含量极少，价格又很昂贵，他们根本买不起。后来，他们得到了奥地利政府赠送的一吨已提取过铀的沥青矿的残渣，开始了提取纯镭的实验。

在简陋的环境中，居里夫人要把上千公斤的沥青矿残渣一锅锅地煮沸，还要用棍子在锅里不停地搅拌；要搬动很大的蒸馏瓶，把滚烫的溶液倒进倒出。就这样，经过3年零9个月锲而不舍的工作，1902年，居里夫妇终于从矿渣中提炼出0.1克镭盐，接着又初步测定了镭的原子量。1910年，居里夫人成功地分离出金属镭，分析出镭元素的各种性质，精确地测定了它的原子量。同年，居里夫人出版了她的名著《论放射性》，并出席了国际放射学理事会议。会上制定了以居里名字命名的放射性单位，同时采用了居里夫人提出的镭的国际标准。

好奇心可以使人产生兴趣，并驱动创造。然而，通常情况下，人们的好奇心容易被激发却难以保持。所以，培养兴趣的一个很重要的方面是经常保持已有的好奇心。

比如，一个在山里长大的人，一旦进城见到了火车，其惊讶和好奇是可想而知的，然而，如果他在城里住久了，天天在火车道旁生活，那么，其好奇和惊讶必将很快消失。如何才能保持其好奇心呢？关键是善于提出问题并向事物的纵横方向扩展，善于不断地激发新的好奇。假如还是那个山里人，当他对火车的形状和性能的好奇心逐渐消失时，如果进一步提出问题：火车为什么能开动？它的发动原理如何？转动装置怎样？它是怎样制造出来的，还可以造出更新型的火车吗？……这样，随着新类型问题的提出，他就可以产生新的好奇。只要能向纵深发展，问题总是无穷无尽的，从而便可长久地保持对事物的好奇和兴趣。

"人活着总是要有点精神的"，或者说人总应有一些新的追求。如果对每天接触到的事物都保持好奇心，找到自己的兴趣点，提出并解决自己的问题，就能在单一的学习活动之余为自己开辟另一块驰骋思想的精神家园。这样不仅能使自己的思维处于积极状态，更重要的是使我们机械单一的生活变得丰富多彩。

谨慎行事才会远离错误

　　思考者显著的性格特质就是低调、谨慎，他们的逻辑思维能力强，是思想派的代表，无论做什么事情，他们都考虑得很周到，力争不出任何纰漏。另外，由于他们在人群中相当敏感，特别重视别人对自己的看法，因此，别人关注的目光有时会让他们觉得无所适从。他们不愿意让别人注意到自己，对他们而言，只有隐没在人群中时，才能找到自在安心的感觉。

　　正因为如上的性格特点，思考者大多数都很低调，有时候甚至会让你忽略他们的存在。他们不张扬，隐藏自己的能力，往往选取较低的标准、要求、观点和看法去面对和处理所发生的事件，这是对自己和别人低标准、低要求的反映。

　　其实，低调谨慎是一种生活态度，古人有云："大智若愚、大巧若拙、大辩若讷、大勇若怯。"只有这样，才能以柔克刚、以静制动。低调是一种人生境界，也是一种永享成功的高明手段。这种做法不仅可以保护自己，与人们和谐相处，也可以让人暗蓄力量、潜行匿迹，在不显山不露水中成就事业。低调做人就是在社会上加固立世根基的绝好姿态，低调做人就是用平和的心态来看待世间的一切。修炼到此境界，为人便能善始善终，既可以在事业卑微时安贫乐道，也可以在声名显赫时不骄不狂。

　　在竞争激烈的现代社会中，一个人若能做到不引人注目，不争强好胜，谦虚、忍让、不强出头，名利观淡泊，虽然短期看不出什么，但时间长了，通常都会做成大事。

　　"厚积"才能够"薄发"。这个"厚积"的过程便是一个低调的积蓄力量的过程，隐没在人群中而不觉苦闷，反而能享受其中的恬静而充实自己并增加自身实力。在关键时刻，他们又能够"一鸣惊人"，这就是"薄发"。比如说，有着A型血的人是最能够审时度势的，正是由于他们的谨慎低调，所以他们才能抓住机遇成就事业，在成功后又能敏感地预测周围的环境、规避风险，因此，在危险的环境下，能做到功成身退的也以A型血人为多。

谨慎个性的典型代表就是湘军统帅曾国藩。曾国藩一生谨慎，时刻不忘修身养德。他克勤克俭，非常注意保护自己，特别是在位高权重之时，还能谨慎行事，最终避过很多权臣盛极而衰的悲惨结局，做到善始善终。

曾国藩的成功，不是一朝一夕的，而是他经过长期的准备而厚积薄发的结果。在未起之前，曾国藩一直暗蓄力量，不轻易在人前显示自己的真实实力，能暂屈人下，伺机而动。为了能使自己平稳地走向成功且不被他人算计，曾国藩非常注意保存实力。为了能赢得上级的信任，他宁愿把自己的功劳让给别人；在众人之间周旋，即使是危急时刻也尽量不树立敌人。正因为这样，他得到众人的拥护，走向位高权重也就不足为奇了。

曾国藩在官位显赫之时，也保持了自己一贯的谨慎、凡事有所保留的行事风格。比如说，他在治家方面经常教育晚辈要谦恭、谨慎。

从这些方面我们也可以看出，曾国藩为了能长久地巩固自己的势力，在生活中的很多细节上都保持着谨慎的作风。以一种平民的姿态来做位高权重的大官，这就是他成功的秘诀。

曾国藩为清政府立下了汗马功劳，特别是攻破天京，太平天国覆灭以后，曾氏兄弟的威望可谓如日中天，盛极一时。但是他仍然处处谨小慎微，最终急流勇退，告老还乡。他的结局非常完美。自古以来，立下赫赫战功的将士不少，但是像曾国藩这样能够审时度势的不多。这一切都得益于他谨慎的个性。

在我们的生活中，谨慎可以说是一种非常好的品行。曾国藩的成功就是典型的一例，很值得我们学习。我国古典名著《红楼梦》中的薛宝钗，也是一个很懂低调的人。红学家对她的评论是：罕言寡语，安分随时。人谓之"装愚守拙"。她的"装愚守拙"比林黛玉的"任性逞才"更容易被人接受，也更容易赢得好感。这就是低调的好处之所在。

因此，思考者低调谨慎，追求一种低调平淡的生活，可以远离一些错误，但是也要懂得什么时候应该高调，如果一直处世低调，工作上很容易遇到麻烦，而且也不容易被人认同。我们所说的低调做人，并不是指什么事情都退在后面，自己的利益被别人剥夺强占也不发出任何声音，自己的人格被别人侮辱也不反抗，这不是低调，而是懦弱。低调做人，是不要太招摇，而是凡事做到心中有数，如果有能力，在别人最需要的时候站出来帮助别人、为别人服务。只有这样，才是真正低调而不乏味的人生，才是真正的思考者。

思考过多,行动力就会减弱

"比别人多花两倍时间思考的人,就可以拥有十倍于别人的收入……这已经是现在的新世界法则了。"世界管理学大师大前研一如此说。他自身的经历就证明了这个法则的有效性。

大前研一29岁刚进麦肯锡时,是个对经济学一窍不通的核能专业博士。为此,他进行了比别人努力几倍的"思考力训练"。每天利用上班路上这段时间,他给自己一个题目,然后思考如何解决。例如,他看到车厢里的某广告,就思考"如果这家广告公司的老总要我协助他们提高业绩,我该怎么做?"每天这样的训练,让他后来在面对大部分问题时,只需要3分钟,就可把解决的步骤过程全部组合起来。

就凭此"法术",他工作两年即领导了30人的调研队伍,为日本企业社长级人物提供咨询,这一"荣誉"当时只有年届退休、经验丰富的"白发顾问"才能有资格获得。就凭此"法术",刚过而立之年的他就写出了畅销全球的《企业参谋》。那时,大前研一的咨询价码已是一般顾问的10倍。

思考者最渴望的事情是"弄懂",而对弄懂之后的执行却没有兴趣,他们往往希望自己成为分析者或策划者,形成思维成果后,让别人按照他的策划来执行。这一点在他们的生活中表现也非常明显,他们往往不愿意动手做一些没有技术含量的事情,例如琐碎的,谁都可以做的一些日常事物,比如家务等。此类型人的自信来源于自己对客观事物的洞察,是透过现象看本质的高手,而重思想轻执行的态度也容易使他们的"运筹帷幄"难以"决胜千里",也就使思考无法转化为行动从而产生实质性效果,这是局限。

然而,事实也证明,行动力在个人成功中也占有重要的位置。

从前,有一只真抓实干的黑猫,它每天都能捉10多只老鼠,让老鼠们吃尽了苦头。于是,老鼠们召开研讨会共商对付黑猫的办法。有的建议加紧研制毒药,有的说干脆一齐扑上去把黑猫咬死。最后,老奸巨猾的鼠王提出了一个与众不同的想法："老鼠杀猫是不可能的。如果不能杀死它，就应设法躲避它。咱们推选出一名勇士，偷偷地在猫的脖子上挂个铃铛。这样一来，只要猫一动就会有响声，大家就可以事先躲起来。"老鼠们公认这是个很好的想法。但怎样执行呢？奖励高额奖金、颁发荣誉证书等办法一个又一个地提出来，但讨论来讨论去，老鼠们也没有找到一个敢于执行这一决策的勇士。

这个故事告诉我们：有好的想法却不能执行，那只能是空想。同样，对于企业来说，管理者有了决策，但因脱离了实际无法执行，最终也无济于事。因此，在使员工执行决策之前，管理者首先要根据本企业的实际作出科学决策，保证计划切实可行。

"三个和尚没水喝"的故事妇孺皆知。和尚多了反而没水喝了，这不能单纯地理解为几个和尚懒惰，而是涉及和尚在运水时的分工与合作问题。在企业管理中也是如此，如果没有合理的分工、有效的合作、严格的监督与奖惩机制，就容易造成相互推诿的现象，致使执行效率低下。执行力并不只是简单的行动力，而是一个系统的问题。要使执行力得到有效落实，不但要制定切合实际的目标，形成创新求变的执行理念，还要做好团队的分工及协作工作。

世上不可能有真正的完美，但应该有一个追求完美的心态，并将其作为工作习惯。目前，很多企业虽然有远大的目标，但在具体实施时，由于缺乏对完美的执著追求，事事以为"差不多"便可，结果，由于执行的偏差，导致许多"差不多的计划"到最后一个环节时已经变得面目全非。

因此，要明确执行力的重要性，做好执行前的战略准备，把有力的执行力进行到底。

有一个故事讲的是：有一个农夫一早起来，告诉妻子说要去耕田。当他走到自家田地时，却发现耕耘机没有油了；原本打算立刻要去加油的，突然想到家里的三四只猪还没有喂，于是转回家去；经过仓库时，望见旁边有几块马铃薯，他想起马铃薯可能正在发芽，于是又走到马铃薯田去；路途中经过木材堆，又记起家中需要一些柴火；正当要去取柴的时候，看见了一只生病的鸡躺在地上……这样来来回回跑了几趟，这个农夫从早上一直到太阳落山，油也没加，猪也没喂，田也没耕……最后什么事也没有做好。不难发现，其中的致命原因就是执行力很差。

也许，在现实生活中，会有跟故事中的农夫一样的人，没有定性，常常很难把一件重要的事完成，这就是缺乏"执行力"的表现。现在看来，如果把这个农庄比成一个企业，把农夫看作企业里的二号人物，那就是二号人物没有对如何解决企业里的种种问题事先做统筹安排，没有确立明确的目标和实现目标的先后顺序，即没有良好的流程规划，只顾手忙脚乱地头痛医头，脚痛医脚。因此，作为战略决策者，农夫是缺乏执行力的，他的企业就必然没有竞争力；同时，作为执行者，他没有定力，没有为完成一个任务而坚定不移的决心，而是三心二意，最终一事无成。

　　从这个故事中我们还可以看到，战略的错误必然导致失败，战略的实施是靠执行力，这时执行力成为企业成败最关键的因素，因为只有执行力才是真正直接对结果产生作用的力量。

　　头脑中的知识与现实生活中的惊涛骇浪是不能画上等号的。只有具有强大的行动能力，才能用自己头脑中的学问去和生活中的惊涛骇浪对抗。现实无情是现今社会人人皆知的事实，在无情的现实中搏击需要强大的行动力，而这种竞争力的核心就是强大的执行力。在日常工作中，不在于学了多少，更重要的是我们应用了多少。

　　一般来说，思考者太喜欢躲进理论的世界，而忽略了外在的世界，但理论的世界好像一个迷宫，越是深入便越难找到出路，结果发现自己与现实世界脱了节，根本不知从何处着手去实现理想。因此，思考者需要的解药是：当你继续做学问时，要不断问自己：你知道怎样才能通过行动令这个世界不同吗？然后就开始行动。

附：思考者的职业点拨

❶ 不要太过吝啬时间。

❷ 让身边的人知道你跟他们是同一战线，你是支持他们的目标，你愿意去帮忙。

❸ 学会"活在当下"，而非活在知识的海洋中。

❹ 看看自己有没有鄙视别人的成分。

❺ 学会聆听。

❻ 冒险"先"表达自己的立场。

❼ 冒险讲出自己的想法，让别人不能靠灵感去估计你的想法。

❽ 多参加一些鼓励表达自己的活动。

❾ 容许自己去感受及体验一下身体的反应或情绪的波动。

❿ 多多接触和努力投入情感，与他人进行更好的情感的沟通。

第6型
忠诚者：
"我坚信忠于职守才会收获更多"

> 忠诚者吸引人、让人心动、亲切可爱、友善、调皮、爱讨好人。信任对他们来讲是很重要的，是与他人相处并保持永久关系的基础。别人往往对他们很热情，并且想要帮助、保护他们。他们对认同的对象付出承诺和忠实，认为家人和朋友是重要的，这让他们觉得自己"属于"某个地方。在现实生活中，他们借着合作、可靠、负责、值得信赖、苦干来回应他人。

忠诚者的自我测试

1. 你和家庭与朋友的紧密关系，使你觉得充实而不孤独。

2. 你常不清楚别人对你感觉如何，因此曾用各种方式考验别人，以搜集别人对你喜欢与否的证据。

3. 很清楚自己的焦虑，有时可以抗拒它，但多半时候会不由自主地屈服于焦虑之下。

4. 在极端的焦虑之下，曾倾向于指责并怪罪别人。

5. 需要权威人士来指引，什么事该做，什么事不该做。

6. 有时候冲到喉咙的愤愤，使你骂出刻薄的话，事后后悔，又很难向别人认错。

7. 你忠于团体，且很有责任感，并努力做好与团队合作有关的事。

8. 讨厌别人对团体的付出不够及不忠。

9. 努力做自己该做的事，而且相信自己的能力，但周围的人总是如此懒散，没有规矩，真让人生气。

10. 是一个有耐力、有活力的人，做事情时总抱着严肃的态度，很认真，很勤奋。

11. 相信权威人士，尤其是对自己崇拜的权威人士，表现得忠心耿耿。

12. 忠诚型的人对生命的看法是，应忠诚于家人、团体及国家。

13. 非常讨厌不负责任的人，并且疾恶如仇。

14. 在做任何事或重大决定之前，需要参考别人的意见。在未做决定前，心理充满焦虑，常用愤怒来表达情绪。

15. 生活规律化，时间表排得很紧凑，所以对做事太有弹性的人会表示自己的不信任。

16. 由于害怕犯错，所以总是小心谨慎，但一旦犯错就会把错误推到别人身上，以减轻自己的罪恶感。

17. 很注重团体规则及纪律，如果有人不遵守，会责骂别人。

18.善良、努力且尽忠职守，所以会为了家人及团体成员的生活习惯与自己不同而调整自己的原则和规律。

19.尊重权威，但一旦发觉此权威不值得尊敬，会立刻反对此权威，弄得周围的人对之不了解也不谅解。

20.常常设想最糟的结果而使自己陷入苦恼中。

21.常常试探或考验朋友及伴侣的忠诚。

22.最不喜欢的一件事就是虚伪。

23.有时很欣赏自己充满权威，有时又优柔寡断，依赖别人。

24.面对威胁时，会变得焦虑，但也会对抗迎面而来的危险。

25.有时期待别人的指导，有时却忽略别人的忠告，径直去做自己想做的事。

26.在重大危机中，我通常能克服对自己的质疑与内心的焦虑。

27.当沉浸在工作或擅长的领域时，别人会觉得自己冷酷无情。

28.常常保持警觉。

29.是一位忠实的朋友和伙伴。

30.有时会激怒对方，引起莫名其妙的吵架，其实是想试探对方爱不爱我。

这些问题，若你都回答是，无疑你与忠诚者相去不远。

忠心耿耿是忠诚者的人生信条

拿破仑有句名言："不忠诚于统帅的士兵就没有资格当士兵。"时至今日，这一名言仍具有深刻的现实意义。在职场上，我们也可以说："不忠诚于企业的员工，就没有资格当员工。"

在一项对世界500强企业总裁作的调查中，当问到"您认为什么是员工最应具备的品质"时，总裁们无一例外地选择了"忠诚"。

可见，要想成为一个企业里不可替代的员工，忠诚企业是最基本的要求。

"钢铁大王"安德鲁·卡内基认为，一个企业能否发展，员工的忠诚度是个关键。卡内基的成功，正是因为他重用了这样的一些人：勇于也乐于承担责任，甚至为维护企业利益而敢于违背上司命令。他相信这样的人是忠诚的。

一位资深的人力资源经理说："当我看到一些应聘人员的简历上写着一连串工作经历，而且他们在短短的时间内频繁更换工作，我对这个人的印象就会大打折扣，这至少说明这个人的适应性差，更重要的是，他缺乏忠诚和执著的精神。"

美国西点军校有一句著名格言：像忠诚上帝一样忠诚国家，像忠诚国家一样忠诚职业。但是，忠诚不等于愚忠，也不等于简单地为企业效命。一个忠诚的员工，首先会忠诚于自己的职责，忠诚于自己的事业，将自己的职责、事业与企业的发展结合起来。一名忠诚的员工，不光要有忠诚的信念和态度，更要有忠诚的行动。忠诚不代表一切，它应该与工作能力、上进心、团队精神等因素结合起来，才能体现其作用。

忠诚是一笔感情投资，也是一笔很大的长线投资，在短期内看不出实际效果，但总有一天，它会为你带来意想不到的成功。

同时，也有一些人认为，在现代商品社会里，企业与员工之间不过是一种雇佣关系，所谓的忠诚，都是口头上说说而已，根本起不了什么作用，更与事业上的成功无关。赞同这种观点的人可能不在少数，但读了下面这个故事，相信你会对"忠诚"一词有更为深入的理解。

微软公司在起步阶段，员工基本上都是年轻人。这些人擅长业务和推销，但在内务、管理方面缺乏耐心，谁也不愿管，公司里总是乱成一团，严重影响了效率，盖茨为此十分苦恼。当年的盖茨总是头发蓬乱、不修边幅，甚至没有一间像样的工作室。盖茨的第一任秘书是一位年轻的女大学生，她做分内的工作还算称职，但对其他事务则不闻不问。盖茨失望之余，决定再找一位总管式的女秘书。这时，露宝的简历进入了盖茨的视线，盖茨决定录用她。露宝做过文秘、档案管理和会计员等工作，后勤经验丰富，但她当时已42岁，并且是4个孩子的母亲。

在微软公司，露宝见到了21岁的比尔·盖茨。这个未脱孩子气的董事长给露宝留下了深刻印象，同时也让她感到肩上的担子不轻。当丈夫知道她要去微软公司上班时，警告她说要留意微软公司月底能否发得出工资。露宝没有理会这个警告，她开始尽心尽力为盖茨"打杂"。

上任不久，露宝就展现出缜密、细腻与周到的处事风格。很快，她就成了微软公司的后勤总管，负责发薪、记账、接订单、采购等一系列工作，把每件事都处理得井井有条。有了露宝之后，微软公司的工作更加有序，凝聚力也得到增强。当时，露宝的主要工作之一是照顾盖茨的饮食起居。在露宝眼里，盖茨就是个行为怪异的大孩子。他通常中午来上班，一直工作到深夜。要是第二天一早有客人要见，他就干脆留在办公室里过夜。他会拉过一条毛毯盖上，然后呼呼大睡。盖茨的这一习惯也保留在出差途中，每当他困了想睡觉时，总能随手就拉出一条毛毯来，那是露宝早就为他准备好的。

露宝也会给盖茨定一些"规矩"。当时，微软公司的所在地离机场很近，只有几分钟车程，因此盖茨每次出差时，往往会在最后时刻才赶往机场。路上为了赶时间，他总是高速超车，有几次还闯了红灯。露宝为此十分担心，便要求盖茨至少留出15分钟的时间去机场，并且每次她都亲自督促。尽管盖茨认为这样耽误了自己的时间，但还是照着她的话去做了。

这一切看起来都是小事，但突出反映了露宝的执著与忠诚，她也成为公司里一个不可替代的人，这从后来露宝的辞职事件中可见一斑。当时，微软公司计划迁往西雅图，露宝为了丈夫的事业而无法搬家。最后，盖茨和其他高管联名为露宝写了一封推荐信，高度评价了她的工作能力。凭这封推荐

信,露宝找一份好工作当然不在话下。临别时,盖茨紧紧握住露宝的手,依依不舍地说:"欢迎你回来,微软公司的大门将永远向你敞开!"

三年后的一个冬夜,在西雅图微软公司的办公室里,比尔·盖茨正因后勤工作不力而烦恼。这时,一个熟悉的身影出现在门口。"我回来了。"这个声音比尔·盖茨再熟悉不过了,因为那是露宝的声音。她已经说服了丈夫,举家迁至西雅图,继续为微软公司、为仍然年轻的董事长效力。

微软帝国的崛起,露宝实在是功不可没。年轻的盖茨影响了世界历史,而作为这位风云人物的秘书,露宝也获得了事业上的成功。在微软,没有人不对这位女管家满怀敬意。盖茨曾经说过,在他最艰难的创业阶段,是露宝为他扫除了很多障碍,使他能够全身心地为事业打拼。

在人才济济的微软公司,若真论起才干来,露宝或许只能算是一个平凡的中年妇女,是什么让她赢得了微软上下如此的信赖与尊重,从而迎来一段辉煌的人生呢?是才华,是机遇,还是眼光?对了,是忠诚,这才是最佳答案。

对工作忠诚，得老板赏识

就像圣战中高尚的武士一样，忠诚者打的也是一场美好的战役。他们忠于朋友，并尽忠职守，但他们特别担心他们的领袖：他是否滥用权威？是否不公？是否自私自利或无能？他会照料我们吗？这一类型的人如果不是全心全意信任领袖，便是害怕自己被欺骗而深深苦恼着。

人生在世，有些东西是我们活着所必需的，比如一些本能的渴求。而有些东西的存在就是为了让我们自己得以提升，让人生过得更有质量。比如我们高贵的精神——博爱、责任、忠诚、信誉等。它们让我们成为高贵的人，让我们不仅能活下去，而且活得有尊严、有意义。

忠诚本身就是人的一种高贵内涵。我们需要忠诚来证明自己值得信赖，值得尊敬。尽管现在有一些人懈怠了自己的责任，无视自己的忠诚，让利益成为压倒一切的需求，但是，如果你能仔细地反省一下自己的话，你就会发现，为了利益而放弃忠诚，这将会成为你人生和事业中永远都抹不去的污点，你将背负着这样一个十字架生活一辈子。

忠诚一方面是国家、企业等组织对成员的道德要求，另一方面，忠诚也成为作为个人受人信任、被人重视、获得尊重最重要的素质。可以说，忠诚不但是国家或企业的要求，也是一个人的立身之本、发展之基。

从关系绝大多数人生存发展的职场来说，受雇于企业首先就必须有基本的职业道德。在企业中被提升、重用的人，能力强、表现好是关键，但绝对不要忽略他们对企业忠诚的作用。忠诚的员工容易获得信任，不忠诚的人必然是企业最不欢迎的对象。

一次，约翰和戴维负责把一件很贵重的古董送到码头，上司反复叮嘱他们路上要小心，没想到送货车开到半路却坏了。如果不按规定时间送到，他们就要被扣掉一部分奖金。

于是，约翰凭着自己的力气大，背起古董，一路小跑，终于在规定的时

间赶到了码头。这时，戴维说："我来背吧，你去叫货主。"他心里暗想，如果客户看到我背着物品，把这件事告诉老板，说不定会给我加薪呢。他只顾想，当约翰把古董递给他的时候，他一下没接住，古董掉在了地上，"哗啦"一声摔碎了。

"你怎么搞的，我没接你就放手。"戴维大喊。

"你明明伸出手了，我递给你，是你没接住。"约翰辩解道。

他们都知道古董打碎了意味着什么，没了工作不说，可能还要背负沉重的债务。果然，老板对他俩进行了十分严厉的批评。

"老板，不是我的错，是约翰不小心弄坏了。"戴维趁着约翰不注意，偷偷来到老板的办公室对老板说。老板平静地说："谢谢你，戴维，我知道了。"

老板把约翰叫到了办公室。约翰把事情的原委告诉了老板。最后说："这件事是我的失职，我愿意承担责任。另外，戴维的家境不太好，他的责任我愿意承担。我一定会弥补我们所造成的损失。"

约翰和戴维一直等待着处理的结果。一天，老板把他们叫到了办公室，对他们说："公司一直对你俩很器重，想从你们两个当中选择一个人担任客户部经理，没想到出了这样一件事，不过也好，这会让我更清楚哪一个人是合适的人选。我们决定请约翰担任公司的客户部经理。因为，一个能勇于承担责任的人是值得信任的。戴维，从明天开始你就不用来上班了。"

"老板，为什么？"戴维问。

"其实，古董的主人已经看见了你们俩在递接古董时的动作，他跟我说了他看见的事实。还有，我看见了问题出现后你们两个人的反应。"老板最后说。

任何一个老板都清楚，一个能够勇于承担责任的员工，对企业来说有着重要的意义。当问题出现后，推诿责任或者找借口，都不能掩饰一个人责任感的匮乏。而对自己的行为负责，对公司和老板负责，对客户负责，这才是老板最喜欢的员工。也只有这样的员工，才能在公司中有所发展。

我们说，一个人是否能真正地属于集体，并不在于形式上是集体中的一员，关键的问题是能否承担起自己在集体中的责任，能否忠诚于自己的集体，这一点很重要。

如果仅仅是"身在曹营心在汉"或者随时准备另谋高就，那么你根本就不属于这个集体，你的"在"也仅仅是形式上的，这个集体对你而言，只是你谋求利益的一个阶梯。在一个企业里，这样的员工是企业的一个潜在危机，因为他们随时可能对自己的工作撒手不管，甚至会成为对手企业中的一员，来和自己的企业竞争。

"我属于这个企业，并不仅仅因为我在这里工作，因为我的内心告诉我，我对企业负有责任，我必须忠诚于我的企业。"在一个企业年终总结大会上，一位获得嘉奖的优秀员工这样说。诚然，一个人究竟属不属于一个企业，并不仅仅在于他是否在企业工作，关键是看他的心在不在企业，对企业够不够忠诚。

一个企业的老板说："我最不敢用频频跳槽的人。一个总想跳槽的人，很难对你的企业有足够的责任和忠诚。"虽然，频繁跳槽可能是因为他在不停地寻找自己的位置，但是一个人必须对自己的职业忠诚，这是忠诚的根本。

一般的企业领导都喜欢聪明灵活的员工，他们认为这样的员工经常会有一些好的点子。智慧和聪明的员工对于一个企业而言，的确很重要，但更重要的则是员工的忠诚。因为，智慧并不能完全代表一个人的品质，对于企业而言，忠诚比智慧更有价值。

如果这种智慧是建立在忠诚之上的，那么这是有用的智慧，可以相信的智慧。反之，如果你很难相信一个人的责任感和忠诚度，这样的人再有智慧，也不会得到重用。

缺乏忠诚只有智慧的人会考虑一大堆点子让自己摆脱困境，但有一点你可以相信，那就是没有一个点子不是为他自己的利益所考虑的，至于集体，早就抛到九霄云外了。

犹太人是非常有智慧的，他们认为，聪明的老虎都知道，与其放一只狐狸在身边给自己出谋划策，倒不如放一只狗在身边。因为遇到危难时，第一个弃之而去的肯定是狐狸，能出生入死的肯定是那只狗。所以在犹太人掌管的企业里，你会看到员工非常有责任感和忠诚度。

但是，忠诚不是一个简单的概念，也不是单向的付出。员工的忠诚不是愚忠，不是简单地为企业效命，而是要首先忠诚于自己的职责和事业，把自己的职责、事业与企业的发展结合起来。另一方面，忠诚固然可贵，但不等于有了忠诚就有了一切，真正的忠诚是有能力的忠诚，是为了自己的忠诚而努力提高自己。

忠于职守的人永远不担心失业

一位著名的企业家说过这样一段话："我的员工中最可悲也最可怜的一种人，就是那些一心只想获得薪水，而在工作中的其他方面一无所知的人。"

事实上，工作是人生中不可或缺的一部分，它已不仅仅是一种谋生的手段，还是一种全身心付出去创造物质财富和精神财富的过程。把工作当成一项成就自己人生的事业去做，这是一种责任、一种承诺、一种精神、一种义务。可以说，为了自己的事业而爱岗敬业、全力以赴，是让自己的人生价值无限延伸的正确途径。

化职业感为事业感，虽然只有一字之差，却会得到截然不同的结果。职业感要求我们恪守职业道德，尽心尽力地完成我们的工作。而事业感却不同，它体现了更多的自觉性，而且总与某种价值观联系在一起。它追求的是一种完美的境界，能体现自身生存的意义，能激发更多的创造性。

有一家企业的一名普通工人，发明了好几项工作领域的专利，在谈到他的心得时，他说："能够取得这些成绩，就是因为我从来不把这份工作当作谋生的手段，而是当成事业来经营。"所以，当你认为你所从事的职业是一份值得为之付出和献身的事业时，你就会带着一颗虔诚、敬畏的心去看待你的工作，并在这个过程中让你的人生更加圆满。

许多职场中人，特别是一些职场新人，他们把忠诚看成是管理者愚弄下属的工具，把敬业当成老板监督员工的手段，认为灌输忠诚和敬业思想的受益者是企业和老板。其实不然，有位成功者说："自身价值的创造和实现依赖于忠诚敬业。"忠诚敬业铸就信赖，而信赖铸就成功，一旦养成忠诚敬业的习惯，就能主动对老板与企业负责，就能面对引诱不为所动，对工作忠于职守，认真负责。这样，就能让自己的有限资源发挥出创造无限价值的能力，从而争取到成功的砝码。另一方面，老板也会因此对你承担一份义务，会同样忠诚地对待你，会投入精力和资本培训你、重用你、提拔你，你也就永远无须担心有一天会失业。所以，忠诚敬业就是一种安全有益的职业生存方式。

不可否认，工作是我们的安身立命之本，我们每个人都需要一份工作，需要借助这个平台实现自己的人生价值。通过工作，我们不仅能赚到养家糊口的薪水，还能得到锻炼自己各方面能力的机会。如果没有工作，我们将只能游离于社会之外，事业、前途也将无从谈起。因此，我们的确没有任何理由不去好好珍惜这份来之不易的工作。

有句话说得好："今天的成就是昨天的积累，明天的成功则有赖于今天的努力。"不管你正在从事什么样的工作，要想获得成功，就要把自己眼前的工作当回事儿。如果认为自己的工作无足轻重，并对它投以冷淡的目光，那么，即使你从事的是最体面的工作，你也不会取得任何真正的成就。一个人如果总是为自己到底能拿多少工资而大伤脑筋的话，那他怎么能意识到从工作中获得的技能和经验呢？又怎么能看到工资背后可能获得的成长机会呢？他更不会意识到这些做法对自身的未来将会产生多么大的影响。

工作是我们生命中的一段重要历程。一个人的工作态度折射着他的人生态度，而人生态度又决定着一个人一生的成就。实际上，在极其平凡的职业中，在极其低微的岗位上，往往也蕴藏着巨大的发展机会。

作为一名员工，即使你自命不凡，豪情满怀，但只要你接受了这份工作，你就必须以虔诚的心与敬业的行动来对待它。"不敬业就失业"这句话对于职场中人来说是一个非常重要的警示。

只要你能调动起自己全部的热情，把工作做得比别人更出色、更高效、更精妙，你的敬业精神就必定会为你带来更多的声誉。当一个人被周围的人称之为"敬业的人"时，也就等于大家都认为他是一个值得受敬重的人，同时，他也就拥有了职业生涯中最大的财富——敬业的口碑。凭着这个好口碑，他将会拥有更加美好的职业前景。

何某大学毕业后，在珠三角某外资企业担任财务工作，因为人谨慎、工作细致认真，她深得企业领导的赏识和信赖。在公司的有心栽培下，经过几年的历练，何某由一名普通的财务工作人员升级成财务部门主管，薪资也有很大的上涨。随着职务的调整，何某在企业所接触的金额也由从前的小数目变成后来的大数目，常常需要面对大笔现金的收支。

按理来说，职务升迁，受到公司的重用并委以重任，何某应感激领导所

给的栽培机遇,更加用心工作,回报企业,然而,在一次同学聚会上,她看着昔日的同窗好友大都过上了"好日子",在羡慕之余,不禁产生了几分失落感,认为自己能力强过别人,生活却不如别人。为了让自己在较短时间内过上富裕生活,何某将"改变命运"的目标锁定在公司的业务流动资金上。在一次收取客户的大笔现金,还没来得及存入银行的空隙,何某利用工作上的便利,晚上偷偷回到公司,打开保险柜,取得了现金,连夜携款潜逃到外地。

第二天,企业发现巨款被盗,立即向当地公安机关报了案。经过立案侦查,何某被依法逮捕。面对法律的严惩,何某在监狱里流下了悔恨的泪:"一念之差,让我从天堂跌下地狱。"

何某是因为工作认真,忠诚于自己的职业而获得好的机遇。但在好的机遇面前,她却因为自己的一时贪念,做出了完全"不忠诚"的行为,成"忠"成"奸"均咎由自取。

何谓忠诚?忠诚最直接的理解就是忠心诚意。忠诚代表理性的"忠义",舍小利而重大义。如忠诚于国家、忠诚于社会、忠诚于岗位、忠诚于事业、忠诚于家庭等等。

忠诚,体现的是一种品格,一种信念,一种操守。忠诚是知恩感恩、自觉自律、高度责任感的行为表现,是"可靠"、"可信赖"的代名词。忠诚不分阶级群体,也不分贫富贵贱,它是个人参与社会活动的素质修养和行为规范。在现实生活中,最直接表现忠诚的是人们对工作职业的态度。

无欲则刚,忠诚的"刚"通常与个人的"欲"联系在一起,强"刚"则弱"欲",强"欲"则弱"刚"。在"金钱万能"和"利益至上"拜金主义的影响下,人们对物质欲念的追求已变得更加强烈、明显,人和人之间的信任感也正在不断降低。在此情形下,忠诚就显得更为珍贵、高尚,值得推崇,甚至在特定的工作岗位上,忠诚的重要性更甚于个人的能力。

正所谓"食君之禄,担君之忧",在现实生活中,"猫"变"老鼠"监守自盗的例子并不鲜见。享受"君禄",却不行"臣事",不解"君忧",甚至反添"君忧"。缘何如此?只因个人思想缺乏忠诚,饮水不思源,受恩不感恩,为了个人利益与忠诚敬业背道而驰,成为背叛企业、背叛集体之人。

一个缺乏忠诚的人,难以称之为高尚的人;一个缺乏忠诚的社会,更难以迈上文明的台阶。

附：忠诚者的职业点拨

❶ 一个不忠诚的人是很难在职场立足的。因为你的不忠诚，其他公司也不会欣赏和接受你。当你偷偷地出卖自己公司的利益时，即便他人得了好处，也不会尊重你，只可能窃笑说："这人最容易上钩，以后再找他下手。"

❷ 要考验一个人是否忠诚，逆境是最佳时机。正所谓"疾风知劲草，板荡识忠奸"，当公司经营陷入困境或上司由于某些原因身处困境时，聪明的人不会临危逃跑，更不会落井下石，而是坚守岗位出谋划策，全力为上司分忧。在公司恢复正常运营后，他的行为会令上司感到钦佩并给予回报，被上司视为左右手而不断获得提携。

第 7 型

活跃者：
"我喜欢创造快乐，让别人喜欢我"

> 你是一个享乐主义者。活跃型的你，就是如此这般：乐观、精力充沛、迷人、好动、贪新鲜……"最重要的是玩得开心"就是你的生活哲学。你们很需要生活有新鲜感，所以很不喜欢被束缚、被控制。你的活力是玩耍的活力，相信你们是活动搅手，会不惜任何代价，只为寻找快乐。

活跃者的自我测试

1. 渴求满足欲望的力量很强烈,因此一有需要,就要立刻满足自己。
2. 很喜欢生活于人群中,参加多样性的活动,使生活变得很有趣。
3. 相信人是因为快乐而存在世上,认为立即满足自己的所想,是人生中最重要的事。
4. 常会为自己和他人带来快乐。
5. 对感官的知觉特别敏锐,所以外在的丰富世界总让自己觉得又快乐又刺激。
6. 常觉得想太多,烦恼太多的人真无趣,事实上明天会更好。
7. 常被人觉得多才多艺,自认为学习任何技能都很容易而且好玩。
8. 很喜欢拥有财富,因为财富可使每个人享受美好及奢华的生活。
9. 想要拥有更多,并经历更多的新鲜事,觉得这样会让自己生活在更快乐中。
10. 别人都觉得自己是热衷于社交并有趣的人,其实很讨厌别人冗长的故事,觉得听起来好烦。
11. 不喜欢听不好的或不幸的事,那会让自己情绪低落,所以最好不要告诉我。
12. 觉得自己过得很好,很快乐,每件事都好玩,没有任何事值得烦心。
13. 兴趣广泛,多才多艺,只要自己愿意,跟任何人都能谈笑自如,幽默风趣。
14. 在别人眼中不值一顾的东西,可轻易发掘其中的奥妙及可爱的一面。
15. 喜欢生活是丰富而多面化的,有时也喜欢找些心灵的挑战,平添一些生活的乐趣。
16. 很喜欢做计划,更喜欢尝试新奇经验,但总虎头蛇尾,计划完成后,已经不想去执行了。
17. 身边如果有人出现问题时,很快就能替人想出解决的办法。
18. 放任自己,让自己轻松愉快,逍遥自在,也喜欢逗别人,跟别人玩。
19. 幻想一些计划,会立刻冲动地去做,但冲动过后,残局往往由别人去收拾。

20.自己耳聪目明，想学的事一学就会，并且伶牙俐齿，总觉得别人笨。

21.很会心疼自己，不喜欢过严肃的生活。工作中累了，一定会安抚自己，让自己享受一些好东西，以此得以舒缓。

22.如果有事烦心，最好的方法就是别去想它，转移一下，找找乐子，自然就快乐了。

23.很注意自己是否年轻，因为那是找乐子的本钱。

24.我对感官的需求特别强烈，喜欢美食，服装及身体的触觉刺激，并纵情享乐。

25.有时会放纵和做出出轨的事。

26.常觉得很多事情都很好玩，很有趣，人生真是快乐。

27.制订的计划比我实际完成的还要多。

28.只喜欢与有趣的人交友，对一些闷蛋却懒得交往，即使他们看来很有深度。

29.常担心自由被剥夺，因此不爱作承诺。

30.我很少用心去听别人的心情，只喜欢说说俏皮话和笑话。

这些问题，若你都回答是，无疑你与活跃者相去不远。

不要信口开河，要兑现自己的承诺

活跃者在言语个性上，容易信口开河，对人有太多承诺，却很少能兑现或完成。所以，活跃者在实际生活中要注意说话算话，做一个有诚信的人。

一个部落打算集中青壮年劳动力外出狩猎，寻找食物。部落首领留下了两位青年壮士，对他们说："无论怎样，一定要保护好家园。"两个壮士满口答应。没过几天，遇上了暴风雨，由于外出的人还没回来，所以食物不够，一个壮士按照首领的话把食物先给老人、小孩吃，自己只吃些剩下的。但是另一个人却吃不了这个苦，不但偷了许多食物，还乘风雨逃离了部落。食物短缺，加上天气恶劣又时常有猛兽出没，那个讲信用的壮士并没出逃。他一边寻找食物给老弱病人吃，一边同恶劣的外界条件搏斗，终于等到首领们的归来。首领看到山洞、部落的人们安然无恙，而壮士伤痕累累，明白了一切。他赞赏壮士的诚信，又对那个背信弃义的人下达"追杀令"。青年壮士凭着自己的诚信赢得了尊重。

一个商人办了一间当铺，但有一天遭强盗抢劫，不但一命呜呼，连典当的物品、凭证、家产也被一抢而光，只留下了妻子和一个儿子。有人劝商人的妻子死不认账，对上门要求赔偿的不要答理或者逃往外乡。但她说："我的丈夫是一个口碑极好的人，做人经商讲信用，人也诚实，我不能玷污他的名声。"于是，她一边借钱一边到处找活儿干，历经十年辛苦，终于把当铺的债务还清了。方圆百里的人听到这件事无不称颂，以后到她这个当铺来做生意的人越来越多。

早年，尼泊尔的喜马拉雅山南麓很少有外国人涉足。后来，许多日本人到这里观光旅游，据说这是源于一位少年的诚信。一天，几位日本摄影师请当地一位少年代买啤酒，这位少年为之跑了3个多小时。第二天，那个少年又自告奋勇地再替他们买啤酒。这次摄影师们给了他很多钱，但直到第三天下午，那个少年还没回来。于是，摄影师们议论纷纷，都认为那个少年把钱骗走了。第三天夜里，那个少年却敲开了摄影师的门。原来，他只购得4瓶啤酒，尔后，他又翻了一座山，趟过一条河才购得另外6瓶，返回时摔坏了3瓶。他哭着拿着碎玻璃片，向摄影师交回零钱，在场的人无不动容。这个故事使许多外国人深受感动。后来，到这儿的游客就越来越多。

男孩不惜路途遥远，为了实现对摄影师的承诺，翻过了一座山去买那6瓶啤酒，让在场的人深受感动。看来，不管在何种境地，我们都要讲究诚信，说话算话，不要因为眼前的困难为自己找不履行诺言的借口。

答应别人的事情就应该讲信用，不管后来发生什么样的情况，也不要食言。

18世纪英国的一位有钱绅士在一天深夜走在回家的路上时，被一个蓬头垢面、衣衫褴褛的小男孩儿拦住了。"先生，请您买一包火柴吧。"小男孩儿说道。

"我不买。"绅士回答说，说着，他躲开男孩儿继续走。

"先生，请您买一包吧，我今天还什么东西也没有吃呢。"小男孩儿追上来说。

绅士看到躲不开男孩儿，便说："可是我没有零钱呀。"

"先生，你先拿上火柴，我去给你换零钱。"说完，男孩儿拿着绅士给的一个英镑快步跑了。

绅士等了很久，男孩儿仍然没有回来，绅士无奈地回家了。

第二天，绅士正在自己的办公室工作，仆人说来了一个男孩儿要求面见绅士。于是男孩儿被叫了进来，这个男孩儿比卖火柴的男孩儿矮了一些，穿得更破烂。

"先生，对不起了，我的哥哥让我给您把零钱送来了。"

"你的哥哥呢？"绅士问道。

"我的哥哥在换完零钱回来找你的路上被马车撞成重伤了，在家躺着呢。"

绅士深深地被小男孩儿的诚信所感动，"走！我们去看你的哥哥！"

一见绅士，男孩连忙说："对不起，我没有给您按时把零钱送回去，失信了！"绅士却被男孩的诚信深深打动了。当他了解到两个男孩儿的父母都双亡时，毅然决定把他们生活所需要的一切都承担起来。

因为诚信，男孩得到了别人的帮助，改变了自己的人生境遇。当然，这

并不是男孩刻意追求的，这不过是诚信给男孩的奖赏。

外白渡桥是上海外滩的标志性建筑之一。2008年4月，这座桥被整体拆移，运到船厂进行维修，上海人称之为"疗养"。一年后，它将以原貌重现黄浦江畔。

但大家也许不知道，之所以决定对这座百年老桥进行"疗养"，这里面还有着一个动人的故事。

2007年年底，外白渡桥刚刚度过自己的"百岁华诞"。这时，上海市有关部门收到了一封寄自英国的信件。信中说："外白渡桥的设计使用年限为一百年，现在已到期，请注意对该桥维修。"

当时，上海正准备对外滩进行综合改造，收到这封来信后，有关部门立即决定对外白渡桥进行拆移维修。

其实，寄这封信的正是当年设计外白渡桥的英国某公司。这座桥于1907年交付使用，采用的是当时最先进的钢铁结构。

现在，一百年过去了，外白渡桥每天承载着三万多辆汽车的运动，人们甚至都忘记了这座桥其实已经垂垂老矣，谁还会想到有人会对这座桥负责？但一家本可以游离于此事之外的外国公司竟然记在了心上，并且专门发信件来提醒。

很多人知道后，对此进行了评论。

有的说："原来外白渡桥有一百年的历史了，了不起啊，用这样简单的技术造起来的桥，竟然可以用上一百年。"

还有的说："一百年后的今天，造桥技术已不可与当年同日而语，可现在，有些桥竟然刚造好就轰然倒塌，看来这里面不是技术问题。"

是的，对于英国的这家公司来说，对自己设计建筑的大桥负责，那是分内之事，是再也平常不过的事情。因为，这并不是技术问题，而是良心问题，诚信问题。

诚信在现代生活中更为重要。诚实讲信用是公民的社会公德，诚信作为一笔精神财富、优良传统，是每个人都应该拥有的。所以，当我们答应了别人后，要想方设法做到，如果实在做不到，要跟人说明理由，请求他人原谅。

学会快乐地生活，笑对每一天

活跃者乐观，追求新鲜感和潮流，不喜承受压力，害怕负面情绪。他们想过愉快的生活，把人间的不美好化为乌有。活跃者喜欢投入经验快乐及情绪高昂的世界，所以他们总是不断地寻找快乐、体验快乐。

有人说生活是一桌不同风味的菜，酸甜苦辣涩味俱全，如果不会享受，就不能品尝它的独特风味。平时，喜欢看书，在书中享受快乐、悲伤、感动、温馨；下雨时，喜欢雨滴落在瓦片上、雨棚上，发出清脆的响声，享受雨声在脑海里逐渐转变成悦耳的音乐；晴天，沐浴在阳光下，享受太阳的爱抚。生活中到处可见可享受的一切，学会享受，才更珍惜时光，珍惜生活的赐予。

有时候，我们在自己的肩上背负了太多无谓的负担，压得自己喘不过气来，于是大声地向别人宣布，我的生活太沉重；有时候，我们把一件很简单的小事情想得太复杂，以至于自己都失去了解决的勇气，于是很胆怯地告诉旁人，我没有希望了；有时候，我们把生活彻底理想化了，让自己的感觉指引一切的方向，于是很无奈地告诉朋友，我太寂寞孤单……凡此种种，因为自己作出的片面决定，让本来五彩的生活刹那间索然无味。虽说每个人都在为不同的目的而奔波，但在疲倦的时候笑一笑，就不会那么觉得有压力感了，要学会快乐地生活。

有这样一个古希腊的神话故事：

西西弗斯因为在天庭犯了法，被天神惩罚，降到人世间来受苦，要求他把一块巨石推上山。每天，西西弗斯都费很大的劲把石头推到山顶，然后回家休息。可当他休息时，石头会自动地滚下山，于是西西弗斯又得把那块石头往山上推，周而复始。每次，在他推石头上山时，天神都打击他，告诉他不可能成功，以此来惩罚和折磨他的心灵，让他在永无止境的失败命运中受苦受难。

但西西弗斯却不肯认命，不愿被成功和失败的圈套困住，一心想着：推石头是我的责任，只要我把石头推上山顶，我的责任就尽到了，至于石头是否会滚下

来，那不是我的事。于是，当西西弗斯再次努力推石头上山时，心中显得非常平静，并竭力微笑着安慰自己：明天还有石头可推，明天还不至于失业，明天还有希望。最终天神因为无法再惩罚西西弗斯，就放他回了天庭。

可以说，西西弗斯找到了开启快乐之门的钥匙，打开了心门，战胜了苦闷。

在生活中，我们有不少人因为压力过大而整天都阴沉着脸，不仅自己不快乐，还影响得家人、朋友也快乐不起来。是的，漫漫人生，我们会遇到种种困难，甚至举步维艰。此时，不妨给自己一个笑脸，让来自于心底的那份执著鼓舞自己插上翅膀过尽千帆，激励自己信心倍增闯过难关。

人的一生，说长也长，说短也短，谁也不能预言将来，所以要学会享受现在生命的给予。要学会快乐地生活，不要让一些烦恼、消极的事影响自己的心情，什么事都要放开了想，学会用一种积极的心态看事，做事。毕竟，人生只有一次，还是一次单程的旅行，走过了就不会再回头，不管走过的是美丽的风景还是枯寂的荒漠，不管是快乐的、幸福的，还是悲伤的、艰辛的，都没有重复欣赏的可能。所以，快乐地生活，享受快乐的生活是对生命的喝彩。

说起来容易，其实真正遇到了困难也难免一筹莫展，但在自己的心灵深处，如果没有积极、快乐、享受的心态，又能如何化解遇到的种种烦恼、忧愁、伤心、甚至不幸呢？不懂享受的人，纵然活上千万年，人生也会平平淡淡，而懂得享受的人，纵然只活了一天，也会过得多姿多彩。

因此，我们每个人都要珍惜现在，珍惜现在的拥有比空做白日梦有趣得多。有的人只能够在混沌之中见到自己的拥有——豪宅洋房，香车美人，梦醒时分却化为乌有，他们把幸福系在长长的线端，放飞到无穷之远，遥不可及；而有的人却把温馨留在了身旁，或许只有片瓦挡风遮雨，或许只是粗茶淡饭，却也实实在在，他们把幸福牢牢地抓在手里，紧紧地藏在心里。

人的一生匆匆而去，或许辉煌，或许无闻，但每一个都是一个奇迹——世间再也找不出一模一样的。不用为自己的成就骄傲，也不用为自己的碌碌而无颜，生活本身就是对你的回报，生命就是对你的奖赏。

人生没有遗憾，失落的往事是缤纷的花瓣，风中飘来风中飘去，而芳香会一直弥漫。

记住不要让自己的心灵布满阴云，要让阳光走进来，让快乐走进来，让美好走进来。我们每个人都要学会快乐地生活，笑对人生，开心快乐地过好每一天。

创造快乐，深受别人喜爱

据说，美国西雅图有一个很特殊的鱼市场。人们在那里买水产品，简直是一种享受。这个鱼市场虽然也跟其他鱼市场一样有股鱼腥味儿，但处处飘荡着鱼贩们欢快的笑声。这是别的鱼市场所没有的。鱼贩们面带笑容，密切合作，让冰冻的鱼像棒球一样在空中飞来飞去，大家互相唱和："啊，五条鳕鱼飞到明尼苏达去了"、"八只螃蟹飞到了堪萨斯"。鱼贩们的欢快情绪感染着来此购物的顾客，大家的心情也都变得欢快起来，像沐浴着温暖明亮的阳光。

几年前，这个鱼市场也跟其他的鱼市场一样，是个没有生气的地方。鱼贩们在充满鱼腥味儿的环境中吃力地劳作着，整天抱怨。后来，大家认为，与其每天抱怨沉重的工作，不如改变工作的性质。于是，他们不再抱怨生活，而是把卖鱼当作一种艺术，再后来，一个创意接着一个创意，一串笑声接着一串笑声，生活变得和谐了，大家都喜欢上了这个工作。

有人说，能够在菩提树下弹琴，能在苦难的生活中创造乐趣的人是智者。不过，智者不一定都是大人物，不少普通人也可以达到这种境界。上述的鱼贩们就颇识此中三昧，堪称生活的智者。现在多数人认为追求快乐是自私的目标，不值得提倡。但是提倡也罢，不提倡也罢，人追求快乐是一个客观事实。与其愁眉苦脸，不如顺其自然，想一想怎样能使更多的人快乐。

对大多数人来说，快乐地活着就代表了拥有了成功的人生，所以我们都渴望自己能够拥有更多的快乐。然而，快乐却不是人人都能拥有的，于是，有的人会怨天尤人，怪上天不袒护自己，怪命运多舛，抱怨事业诸多不顺、家庭不和等等，其实这些都不是你不快乐的根本因素，真正决定你快乐与否的只是你自己。

快乐分为两种，悦人和悦己。快乐是一种心情，一种心境，一种精神状态。快乐发自内心，你可以随时创造一种"你快乐所以我快乐，我快乐所以都快乐"的心境，时刻保持着悦人、悦己的心态。那么，如何才能使我们获得快乐，并使别人喜爱呢？

◎方法一：微笑

首先要取悦自己，然后再取悦他人。如果你的情绪长时间处于低落状态，肩膀下垂，走起路来仿佛双腿有千斤重，那么你就真会觉得自己的情绪很差。如果你总是一脸哭相，更没有人愿意理睬你，或者说不敢理睬你。要怎样改变呢？很简单，你试着深吸口气，抬起头，挺起胸，脸上露出自信的微笑。记住，微笑和打哈欠同样会传染的，如果你真诚地对一个人展颜而笑，谁都无法对你生气。

◎方法二：放松

快乐的人总是积极乐观地面对一切。一个人如果觉得快乐，就会在各方面做得越来越好，并且会越来越快乐。如果你尝试着反复对自己说一些放松的话，如"我很放松"、"我很平静"等等，久而久之，这些话就会进入你的潜意识中。

◎方法三：忆趣

你可以试着照着镜子做一个表情。首先，放松你的下巴，抬起你的脸颊，张开你的嘴唇，向上翘起你的嘴角，对自己脑海中说"忆些趣事"。然后闭上眼睛，像一部电视片一样对自己播放自己觉得有趣的事，你会发现呈现出五彩缤纷的画面。如果同时你再能听一些轻音乐，那感觉就更完美了。

◎方法四：大声讲话

不要过于压抑自己。不难发现，往往越受压抑的人说话声音越无力，越表现得自信心不足，没有力气快乐。所以在你不快乐的时候，你要尽量提高你的音量，但不必对别人大声喊叫，更不要怒火冲天，只要有意识地使声音比平时稍大就行。

◎方法五：抬头挺胸

那些遭受打击、被别人排斥的人走路都拖拖拉拉，显得很懒散，很邋遢，完全没有自信。另一种人则表现出超凡的信心，他们走起路来比一般人快，像是在短跑。抬头挺胸走快一点，你会感到快乐滋长。

◎方法六：利用自己的优点

假如有人告诉你："你真会聊天"。然而，你却自认为这没什么大不了的。但是，要知道，有许多人都觉得这么做非常困难，因此这应该成为你值得骄傲的优点。可以说，快乐的来源就是发现并利用你的真正的优点，这会使你的自我意识变得更加美好,你也就愈快乐。

其实,快乐就是一个悦人、悦己的心态。如果你一时不能把握住这个心态,也不要着急,我们可以先看看身边有没有这样好心态的人。然后,你可以适当地接触,去感受别人带给你的悦己态度。毕竟,能够决定你是否快乐的就是你自己的心态,调整好了心态,选择了悦人、悦己,得到别人的喜爱,自然也就拥有了快乐。

思维跳跃，活跃者都很灵活

可以说，活跃者类型是九型人格中伟大的概念革新家。他们喜欢尝试新东西，不计后果地去经历一切。

"我的绰号又叫方法先生，"第七类型的华伦说。她是美国一家科技公司的合伙人，"众所周知，我是个处理问题的专家，我总是创造新点子以及做事的新方法。"

华伦是文科出身，却阴差阳错地进入了科技类企业。有一次，华伦看到软件病毒的字母可以从屏幕上方掉到屏幕下方，这让她觉得很有趣，很好玩，所以就开始了她之后的事业。虽然她不懂电脑软件，但是她可以通过自己的文字和语言把公司的软件产品重新进行客户化包装，让客户产生浓厚的兴趣并积极购买。

华伦对工作的热爱使她持守了15年并仍然乐此不疲。属于活跃者的华伦在招聘公司员工的时候，曾经用过这样的方法：她在招聘现场播放了一段音乐剧的主题音乐，然后问这些参加应聘的人好不好听，喜不喜欢，有什么感觉。最先被淘汰的，就是那些说不好听、不喜欢或者没感觉的人。华伦在整个办公区内，播放着自己认为好听和流行的音乐，让大家都沉浸在这种轻松、快乐的氛围里。一旦遇到类似圣诞这样的节日，华伦还会召集化装舞会，让公司同事、员工都化装成各式各样的人物，让大家尽情地快乐。

其实，创新企业是非常需要两样东西的，一样是美，一样就是快乐。美就是一种美感，它可以带给员工，带给客户。快乐也是如此。实际上，这两个都是正面的能量，对于如何把它们完美地进行组合，活跃者能起到很大的作用。

活跃者能在组织外及他们专精的领域外，想出别有新意的点子或嬉戏玩闹的提议，以寻找与他们具备相同狂热的思考者。

一位哲人告诉我们，做人做事不要轻易就被一个成规束缚住了。墨守成规是前进的绊脚石，真正成功的人，本质上大都流着叛逆的血。

有一个富翁，他年岁已老。他一直在考虑，到底让哪个儿子继承遗产。想起自己白手起家的青年时代，他忽然灵机一动，找到了考验他们的好办法。

他锁上宅门，把两个儿子带到100里外的一座城市，然后给他们出了个难题，谁解决得好，就让谁继承遗产。

他交给他们一人一串钥匙、一匹快马，看他们谁先回到家，并把宅门打开。

马跑得飞快，所以兄弟两个几乎是同时到家的。但是面对紧锁的大门，两个人都犯愁了。哥哥左试右试，也无法从那一大串钥匙中找到最合适的那把。弟弟呢，则苦于没有钥匙，因为他刚才光顾了赶路，钥匙不知什么时候掉在了路上。

两个人急得满头大汗。突然，弟弟一拍脑门，有了办法。他找来一块石头，几下子就把锁砸了，打开了家门。自然，继承权落在了弟弟手里。

人生的大门往往是没有钥匙的，在命运的关键时刻，人最需要的不是墨守成规的钥匙，而是一块砸碎障碍的石头。这块石头就是变通。一位哲学家曾经说过一段极富哲理的话：有的门是推开的，有的门是拉开的，如果你拼命地去推那本应该拉开的门，除非你将门毁坏，否则你将无法通过它。

我们对某些人的评价，往往会说此人"撞了南墙才回头"。的确，有些人做事只知一味地前进，从不考虑效果，甚至即使撞了"南墙"也不愿意回头，这实在不足取，因为这根本不是聪明的做法。

我们知道，任何事物的发展都不可能是直线型的，我们常常听人们说"前途是光明的，道路是曲折的"。前途是否光明暂且不论，道路是曲折的倒是一条放之四海而皆准的论断。可以肯定地说，在我们生活的地球上没有一条路是真正意义上的直线型大道，更何况千奇百态的人生之路呢？

因而，如果你想走好自己的人生之路，你就得首先学会变通，因为只有学会变通，才能使你获得新生。当你拼命地奋斗而没有结果的时候，后退一步，你也许就能找到出路。

有些人太过于固执己见，明知自己做某件事最终不会有任何效果，仍然还要坚持做下去，结果，除了白白地浪费了时间与精力外，什么都得不到。

如果你想让自己的人生少走弯路，那么你就必须避免采取一些不明智的生活及处世方式，你的生命也许会因为你的固执而降低格调，也会因为你的变通而获得新生与升华。人是应该灵活地利用一切可以利用的东西，自然界的一切事物乃至所有规则，都不是一成不变的，你同样不应该一成不变。

真正的成功是需要打破常规、运用变通而作出更多的贡献。限制自己的发展，环境分配你做什么你就做什么，这样永远与成功无缘。

所以，追求成功的人，必须为自己的将来负责。你所做的，应该有助于你实现自己的目标。你必须为自己的决定、取舍和行为承担责任，必须为自己考虑。如果你不具备变通的精神，那么，你将很难踏上成功之路。

打破单一框架，让思维动起来，摆脱习惯思维，破除思维的习惯硬壳，可以促进我们探索事物存在、发展、联系的各种可能，在思维发散中抛弃思维框架，粉碎思维定式，力求随机应变，灵活机动，使创造性思维得以充分发挥。

做事不要冒失冲动，要多思考

在工作中，有很多人总是低头做事。他们匆忙如大自然的蚂蚁，却没有多少实质的收获。对他们来说，草率行事，冒冒失失是自己最好的写照。

冒失是一种草率的表现，是指对任何事情都不能深思熟虑，只凭一时冲动便匆忙地作出决定，有时不计后果。冒失的人懒于思考，轻举妄动，为了迅速摆脱由动机斗争带来的内心痛苦和紧张情绪，他们不考虑主、客观条件和后果就贸然抉择，草率行事；他们生活节奏快，做事匆忙，往往一件事未做完，又去做另一件事或几件事一起做。

西班牙的智慧大师巴尔塔沙·葛拉西安曾告诫我们：做任何事情都不要太匆忙，忙乱中容易出差错；也不要太轻率大意，不要急于表态或发表意见。凡事预则立，不预则废，一个人只有知道如何安排工作，制定一个高明的工作进度表，才能高效率地办事，在短期内出色地完成任务。

正如一位成功人士所说："你应该在每天早上制订一下当天的工作计划，仅仅5分钟的思考就能使你一天的工作非常有效率。"

有智慧的人做事决不匆忙也不拖沓，不莽撞也不踌躇。他做事总是有条不紊，不慌不忙，没有积压，决不拖延。他们不是一有想法就马上去做，等发现偏差再去调整，而是一开始就想好怎么做，把相关的事情都想好、理清。因为时间不够而赶着把事情做完的人，通常事后要花更多的时间把第一次没做好的事情做好。如果真的没有时间把每件事都做好做完，那就把最重要的事做完。有些人认为做事不匆忙是一件很容易的事情，只需要每一次做事时稍加注意即可。其实，一个人做事不慌不忙是一种习惯，你会发现一个做事匆忙的人做所有的事情都是冒冒失失，他们是凭着自己的直觉在做事。要想改变做事匆忙的缺点，首先就要在做每一件事情时制订计划和目标，而且形成习惯。

一个人草率行事的习惯只会让自己吃苦头——毫无头绪、混乱不堪、漏洞百出。长此以往，是成不了大事业的。

"你要先知道自己要做什么，然后再去做。"对行事容易草率的人来说，这是很好的座右铭，尤其是前半段。如果说决断和行动力是迈向成熟的两个必要条件，那么我们所采取的行动必须根据良好的分析与判断。

"行进之前先仔细看"或"投资之前先仔细研究"，这些都不代表我们做事要犹豫不决，这些话的意思是要警告我们：采取行动千万不可鲁莽、仓促，要认清事实的真相再采取相应的行动。

虽说在许多情况之下，立即行动是必要的，但其成大事的比例往往视其对问题诊断的正确程度而定。

住在新墨西哥州的泰德·考丝太太，好几年前曾为财务问题而烦恼不已。她多病的母亲住在布鲁克林，由两名看护负责照料她的日常起居。考丝太太后来发觉支付这样的开销很困难，而一位时常在财务上资助她的叔父也打电话向她表示是否可以减少开支，如减少那两名看护的薪水，或缩减房屋的维修费等等。

考丝太太一时难以作出决定，便要求让她好好想一下，等作了决定之后再回电话给他。考丝太太十分感谢这位叔父的长期资助，也觉得应该想办法减轻他的负担。

"我取来一些纸张，然后开始分析。"考丝太太描述道，"我先把母亲的收入——如有价证券、叔父给她的补助等——一列出来，然后再列出所有开支。没多久，我便发现母亲在衣、食方面的花费极少，但那栋拥有11间房的住所却得花一大笔钱来维持——仅仅是每月的煤气费就得二三十块钱。加之各种杂项开支和税金还有保险费等等，花销十分巨大。当我见到这些白纸黑字的证据，便知道事情该如何处理了——那栋房子必须解决掉。

"不过换个角度想想，母亲的身体愈来愈不好，我担心这时移动她可能不太妥当。她一直希望能在那栋房子度过余生，我也愿意尽我所能成全她的愿望。于是，我去拜访一位医师朋友，请他给我一些意见。这位医师认识一名经营私人疗养院的妇人，地点离我们住的地方只有三分钟路程。

"这位妇人不但心地好，人又能干，所收的费用也极合理，因此我决定把母亲送到她家去，让她来照顾。"

这件事处理的结果对每个人来说都十分理想。考丝太太的母亲受到极好的照顾，一直还以为自己仍住在家里。考丝太太现在每天都能抽空去探望她，而不是每星期一次。她叔父的负担减轻了，她的财务问题也得到了解决。此次经验告诉考丝太太，假如把问题写下来，清楚地看到所有的事实并认真分析，抓住症结，问题就会迎刃而解了。

考丝太太的例子清楚地显示出：要想把一件事做好，往往要看事前的分析。假如考丝太太没有好好去研究问题的所在，也没有好好去组织要采取的步骤，而是草率地采取行动，则很可能不但不能解决财务问题，甚至还会严重影响到母亲的健康。

戴尔·卡耐基先生曾访问哥伦比亚大学的前院长赫伯·郝克先生。在访问过程中，卡耐基特别提到郝克院长的书桌是多么整洁——因为像他这么一个大忙人，桌上通常会堆满各种各样的资料或文件。

"要处理这么多学生的问题，你一定要随时作决定。"卡耐基先生说道，"但是，你看起来十分冷静、从容，一点都不显出焦虑的样子。你是如何做到这一点的呢？"

郝克院长回答道："是这样，如果我必须在某一刻作出某项决定，通常我都会事先收集好各种相关资料，并认定自己是'发掘事实的人'。我并不浪费时间去设想该如何作决定，只是尽可能去研究与问题相关的所有资料。等我研究完毕，决定便自然产生了，因为这都是根据事实而来的。听起来一点都不难，是吗？"

不错，方法是十分简单，却常常被我们忽视了。我们的行动通常比较容易受情绪、成见、急躁或其他非分析性做法的影响，这些都是不成熟的表现。都是没有顾及事实，只凭冲动便糊涂行事的幼稚行为。

无论有多少困难，也不要畏惧。你要做的，只是将问题理清，"一次一种"予以解决，从而一点点地渡过难关。这种方法绝非新创，许多人在处于艰苦环境中时，都是依此方式度过窘境的。因此，你也应该锻炼忍耐力，抑制住冲动的情绪，使自己在重重压力之下，仍能保持明晰的思考。

做事要有始有终,学会等待

活跃者类型普遍具备冲动的习性,而且对完成长期计划缺乏持久力,他们容易感到无聊,脑袋里会不时冒出点子,虽然极富想象力,但未必考虑周密,所以,他们在做事情的时候容易半途而废。

卡文是一名非常成功的休闲用品销售员,但跟在他身后的却是一大群不满意的顾客,因为他没有信守诺言,没有针对有缺陷的产品以及信用问题方面采取适当的行动。

某电脑公司的前任研发处处长查理,描述了一个典型的情节:"我还记得这个重要的研发计划已经到了最后关头,预定一星期之内公司的科技成果将在国际贸易展中展出,我们仓促地建立原型,但却一直面临失败,这是我们在科技领域中立足的最后机会,公司基本上已经耗尽资金了。

"公司的每个人都怪罪我,我只有转身离开这一团混乱,我甚至没有去跟公司交涉便离职了——这一切实在太痛苦了,况且,别的机会已经在呼唤我了。"

这一类型的人做事难以有始有终,他们有做事的热情和动力,却没有坚持的勇气。当他们遇到困难时,很容易就会放弃。他们比九型人格中的其他类型更常换工作,甚至改变整个职业领域。他们的活跃程度使人们保持警惕,因而难以赢得信任。要改变这种状况,他们就要学会等待。

然而,人生很无奈的事情就是等待,等待需要耐心,有时候等待是很无奈的事情,尤其是没有结果的时候。其实,人生大部分时间是在等待中度过的。也许,生命就是一种等待。讨厌等待,删除等待,避开等待都不是明智之举。

从前有个年轻的农夫,他要与情人约会。

小伙子性子急,来得太早,又没耐心等待。他无心观赏明媚的阳光、迷人的春色和鲜艳的花朵,一头躺倒在大树下长吁短叹。

这时,他面前出现了一个侏儒。"我知道你为什么闷闷不乐。"侏儒说,

"拿着这纽扣，把它缝在衣服上。你要遇到不得不等待的时候，只要将这纽扣向右一转，你就能跳过时间，要多远有多远。"这很合小伙子的胃口。他握着纽扣，试着一转：啊，情人已出现在眼前，还朝他笑送秋波呢。真棒啊，他心里想，要是现在就举行婚礼，那就更棒了。他又转了一下：隆重的婚礼，丰盛的酒席，他和情人并肩而坐，周围管乐齐鸣，悠扬动人。他抬起头，盯着妻子的眸子，又想，现在要是只有我俩该多好！他悄悄转了一下纽扣：立时夜阑人静……他心中的愿望层出不穷：我们应有座房子。他转动着纽扣：房子一下子飞到他眼前，宽敞明亮。我们还缺几个孩子，他又迫不及待，使劲转了一下纽扣：日月如梭，顿时已儿女成群。他站在窗前，眺望葡萄园，真遗憾，它尚未果实累累。偷转纽扣，飞越时间，生命就这样从他身边急驰而过。还没有来得及思索，他已老态龙钟，衰卧病榻。至此，他再也没有要为之转动纽扣的事了。

回首往日，他追悔自己的性急失算：我不愿等待，一味追求满足。眼下，生命已风烛残年，他才醒悟：即使等待，在生活中也有意义。他多么想将时间往回转一点啊！他握着纽扣，浑身颤抖，试着向左一转，扣子猛地一动，他从梦中醒来。睁开眼，见自己还在那生机勃勃的树下等着可爱的情人。然而，现在他已学会了等待，一切焦躁不安已烟消云散。他平心静气地看着蔚蓝的天空，听着悦耳的鸟语，逗着草丛里的甲虫，他以等待为乐。

所以说，即使等待，在生活中也很有意义，一方面你可以积蓄力量；另一方面，只有经过努力和历尽艰辛实现的愿望，才更令人满足。

一位世界知名的推销大师即将告别他的推销生涯。应行业协会和社会各界的邀请，他将在该城中最大的体育馆做一场告别职业生涯的演说。

那天，会场座无虚席，人们在热切、焦急地等待着那位当代最伟大的推销员作精彩的演讲。当大幕徐徐拉开，舞台的正中央吊着一个巨大的铁球。为了这个铁球，台上搭起了高大的铁架。

一位老者在人们热烈的掌声中走了出来，站在铁架的一边。

人们惊奇地望着他，不知道他要做出什么举动。

这时，两位工作人员抬着一个大铁锤，放在老者的面前。主持人这时对观众说：请两位身体强壮的人到台上来。好多年轻人站起来，转眼间已有两名动作快的跑到台上。

老人这时开口和他们讲规则，请他们用这个大铁锤去敲打那个吊着的铁

球,直到把它荡起来。

一个年轻人抢着拿起铁锤,拉开架势,抡起大锤,全力向那吊着的铁球砸去。一声震耳的响声过后,那吊球动也没动。他又用大铁锤接二连三地砸向吊球,很快就气喘吁吁。

另一个人也不示弱,接过大铁锤把吊球打得叮当响,可是铁球仍旧一动不动。台下逐渐没了呐喊声,观众好像认定那是没用的,就等着老人做出什么解释。

会场恢复了平静,老人从上衣口袋里掏出一个小锤,然后认真地,面对着那个巨大的铁球。他用小锤对着铁球"咚"地敲了一下,然后停顿一下,再一次用小锤敲了一下。人们奇怪地看着,老人就那样"咚"敲一下,然后停顿一下,就这样持续地做。

十分钟过去了,二十分钟过去了,会场早已开始骚动,有的人干脆叫骂起来,人们用各种声音和动作发泄着他们的不满。老人仍然一小锤一停地敲打着,好像根本没有听见人们在喊叫什么。人们开始愤然离去,会场上出现了大块大块的空缺。留下来的人们似乎也喊累了,会场渐渐地安静下来。

大概过了40分钟,坐在前面的一个妇女突然尖叫一声:"球动了!"霎时间,会场鸦雀无声,人们聚精会神地看着那个铁球。那球轻轻动了起来,不仔细看很难察觉。老人仍旧一小锤一小锤地敲着,人们好像都听到了那小锤敲打吊球的声响。吊球在老人一锤一锤的敲打中越荡越高,它拉动着那个铁架子"哐哐"作响,它的巨大威力强烈地震撼着在场的每一个人。场上爆发出一阵阵热烈的掌声,在掌声中,老人转过身来,慢慢地把那把小锤揣进兜里。

老人开口讲话了,他只说了一句话:在成功的道路上,如果你没有耐心去等待成功的到来,就只能终生与失败相守。

等待是一种美好圆融的哲学。喜欢垂钓的人都有这样的体会:即使水清鱼稀,只要肯临溪静坐,波间的浮标总有被牵动的一刻。而一个心浮气躁,不肯耐心等待的人,是永远也钓不到一条鱼的。

等待是于失败中寻找到新的希望,等待也是一种力量的沉淀,更是一种信念的酝酿。经历风雨历程,为的是等待雨后的彩虹,为的是收获一份坦然的心境。心中太多的等待,其实就是与所等待的真实相拥,等待虽然漫长,但终会有所收获。

附：活跃者的职业点拨

❶ 学会冷静地思考，明白成长过程中也有沉闷的时候。

❷ 练习完成一件事，再开始另一件事。

❸ 学习接受批评及矛盾。

❹ 控制自己要"解决"问题的冲动。

❺ 不要瞧不起那些比自己差的人，或自以为比一些不够自己活跃及乐观的人强。

❻ 明白乐趣只是生活中的一部分，提醒自己还有痛苦的存在。

❼ 不要被层出不穷的意念所吞食，学习慢一点去欣赏每一件事的起、承、转、合。

❽ 学习自律，做事要有条理，编排好工作的优先次序。

❾ 不要将自圆其说当成习惯。

❿ 学习聆听，倾听他人的心声，不要抢话以显示自己。

第8型

领导者：
"驾驭别人才能体现我的价值"

> 领导者的特性一般为坚持己见、自信、坚强。健康的领导型人是"行动取向"的，带有"肯做"的态度和内在动力。他们乐于接受挑战，像是资源丰富的"自行发动器"，主动地让事情发生。他们是天生的领导者，受人尊敬，为大家作决定、指示方向，行事果断，有权威性。借由荣耀的行为，运用具有建设性的力量，做具有意义的事业的赞助者或宣传者等来赢得他人的尊敬。

领导者的自我测试

1. 乐观坚强，很能吃苦耐劳，觉得天下无难事。
2. 喜欢学很多东西，为了帮助自己，常常一头栽进去学习。
3. 一向主张君子之交淡如水。
4. 跟人相处总是以事为主，有事时全力以赴，没事时就不见人影。
5. 看起来很外向，事实不然，害羞而且不喜欢客套，所以常常做很多事情来掩饰自己的不自然。
6. 觉得自己不很聪明，但也并不笨，宁愿踏踏实实走出自己的脚步。
7. 相信如龟兔赛跑的乌龟一般，胜利最后属于乌龟。
8. 因为学了很多知识，所以不免以学问经验支持自己，有时显得有些固执己见。
9. 很相信自己的决心和毅力，但忍耐力却差一些，常常会暴怒。
10. 做事很踏实，也很努力，可以担当很多事情。
11. 讨厌社会上的不公平，人际的不平等，讨厌得利益者不付出代价的不公平竞争。
12. 一向有话直说，最讨厌那些拐弯抹角又客套半天的人，讨厌虚伪。
13. 自己会的事情，喜欢教导别人，帮别人拿主意，做决定，甚至帮别人扛。
14. 不怕挑战、讲理，觉得够义气才重要。
15. 不会的事情会努力去学，很努力，也很有毅力，会帮助他人解决困难。
16. 一有事情需要解决就全身充满了力量，认为人要坚强，不能被打倒。
17. 希望说话直指重点，干净利落，让人没有反驳的空间，易使别人误会太霸道，觉得很冤枉。
18. 不喜欢把时间用在没有任何目的及结果的场合。
19. 在陌生及不熟悉的环境中，总是服务别人来掩盖自己的不自然。
20. 一向乐观，没有哪件事能难得倒自己。
21. 喜欢独立自主，一切都靠自己。

22.看不起那些不坚强的人，有时会用种种方式羞辱他们。

23.在某方面有放纵的倾向(例如食物、药物等)。

24.知错能改，但由于执著好强，周围的人还是感觉到压力。

25.喜欢依惯例行事，不大喜欢改变。

26.沉默寡言，好像不会关心别人似的。

27.野心勃勃，喜欢挑战和登上高峰的体验。

28.如果周遭的人行为太过分时，准会让他难堪。

29.会极力保护所爱的人。

30.喜欢讲效率，讨厌拖泥带水。

31.要求光明正大，为此不惜与人发生冲突。

32.很有正义感，有时会支持不利的一方。

这些问题，若你都回答是，无疑你与领导者相去不远。

做一个领袖是领导者的追求

所谓领导者,是指居于某一领导职位,拥有一定领导职权并承担一定领导责任、实施一定领导职能的人。在职权、责任、职能三者之中,职权是履行职责、行使职能的一种手段和条件,履行职责、行使职能是领导者的实质和核心。但是,领导者要想有效地行使领导职能,仅靠制度化的、法定的权力是远远不够的,必须拥有令人信服和遵从的高度权威,才能对下属产生巨大的号召力、磁石般的吸引力和潜移默化的影响力。

领导者的职务、权力、责任和利益的统一,是领导者实现有效领导的必要条件。职务是领导者身份的标志,并由此产生引导、率领、指挥、协调、监督、教育等基本职能;权力是领导者履行领导职能所需要的法定权力;责任是领导者行使权力所需要承担的后果;利益是领导者因工作好坏获得的报偿和受到的奖惩。领导者职务、权力、责任、利益的统一,突出表现为有职务必须要有相应的权力,有权力必须负起应有的责任,尽职尽责的领导者应当受到一定的奖励。反过来说,有职无权就无法履行领导责任,有权无责就会滥用权力,不尽职尽责就应该受到惩罚。

优秀的领袖不是耐克鞋,不可能在流水线上批量生产出来,他一定拥有着明显的个人特质。优秀领袖最基本的特质归纳为三点:

第一,有强大的野心。这是一切领袖应具备的最起码的条件。人类之所以可以战胜野兽,是因为我们有比它们强大得多的野心。一个人倘若没有野心,就算他拥有再多的天赋,也只能当某个领域的专家,而不可能成为一个领袖。

可以说,野心是人类最锋利的爪牙,是人类用来战斗时最有力的武器。想要做领袖,必须拥有强大的野心。

当亚历山大还是孩童的时候,他的父亲和老师就不断地从感性和理性两个角度刺激他那本来就不渺小的野心。这颗野心,最终帮助他远征万里,在二十几岁的年纪,就创造了当时世界上最大的帝国之一。

第二，自律性。纪律是一个团队最根本的生命，也是团队战斗力的源泉。纪律的核心，不在于什么能做，什么不能做，而在于永远要有组织，有秩序地去做。

一个团队必须拥有纪律，才可能强大，而一个自身自律性极差的人，是很难让他的团队拥有纪律的。

以上这两点，都很重要，也并不难做到，只要拥有足够的智慧和毅力，谁都可以做到。全世界可以做到这两点的人，起码有一千万，但是能够成为领袖的，大概不过千分之一。

之所以会如此，就是因为在成为领袖的三大条件中，最难，同时也是最为玄妙，最没有标准的一个，是第三个条件——使他人对你产生信仰。

每一个不同的领袖，在不同的团体中，使他人信仰的方法都是截然不同的。这种方法只可以参考和借鉴，而绝对不可以照搬。

倘若你真的下定决心要成为一个伟大领袖，那么你首先必须问自己，你想要的对你产生信仰的人，到底是哪些人，你到底想要组成一个什么样的团队，你组织这个团队的目标是什么。

当这些问题有了明确的答案之后，你就该问自己，你该如何去使他们信仰你。当你把上述所有的事情完成之后，你就已经是一个合格的领袖了。

站在团队的目标思考，会看得更远

为自己追求利益，个人如此，集团如此，国家亦如此。有句名言说得好：没有永远的朋友，也没有永远的敌人，只有永远的利益。追求利益是为了生存或生存得更好。

在追求利益上，人经常目光短浅——聪明人也一样，也就是追求眼前利益，漠视长远利益，为了眼前利益而损害长远利益。这算是弱点，但情有可原，眼前利益确实比将来的利益更重要。但是，在眼前的基本利益得到保障时，人应该考虑更远未来的利益。

那是在亨利读高中三年级时的夏天，一个好朋友推荐他去打一份零工。这对于亨利来说是一个难得的赚钱机会，这意味着他将会有钱去买一辆新自行车，添置一些自己喜欢的衣服。并且还可开始攒些钱，以便将来为妈妈买一所房子。诱人的前景和孝心促使他立即就接受了这次难得的机会。

但是，亨利也意识到，为了保证打零工的时间，他就不得不放弃自己的棒球训练。而他伟大的目标是成为一名优秀的运动员。就在这矛盾的抉择中，他鼓足了勇气找到贾维斯教练，并向教练说了自己的打算。教练很生气地厉声说："今后，你将有一生的时间来工作，但是，你能够参加比赛的日子有几天呢？那是你一生也浪费不起的呀！"亨利低着头，他多么想解释自己要打零工的目的，他真的不知道该如何面对教练那失望的眼神。

亨利希望自己能够有钱的愿望很迫切，这种近期或者说眼前的梦想让他进退两难。是的，没有钱的日子是很难过的，孝敬母亲的心是很难放在一边的。正因为这样，他很看重这份工作带来的报酬。贾维斯教练提醒亨利："难道你的梦想的价格只值这些钱吗？"

在眼前利益与长远目标的权衡中，亨利毅然放弃了打零工的念头，全身心地投入训练中，并取得了很不错的成绩，当选为"全美橄榄球最佳后卫"。丹佛的野马队还在1984年与亨利签下了待遇颇丰的合同，他为妈妈买一所房子的梦想变成了现实。

亨利的故事为我们提供了一个很好的范例，那就是在眼前利益与长远目标发生矛盾和冲突时，一定要做理性的思考与分析。当然，目标的实现也不可能是一帆风顺的，相信理性的思考、分析与抉择就是你成就事业的一笔财富。要善待它，令其为你服务。

亨利的教练关于梦想价格的反问将他惊醒，使他明白了眼前的小得与长远的利益哪个更重要。能否认识到这一点，对于培养良好的判断力和决策习惯是十分重要的。

作为老板，一定要有长远的目光，这样公司才可能得到长久的发展。公司的发展就是要向着目标出发，如果老板把目光放得很短，公司就不会进步了。每个公司的发展都要有个明确的目标，这需要一个敏锐的嗅觉和商业洞察力，而每个老板都不是享受安逸的，都要在企业的重要发展阶段制定重要的决策。下面是一个有关决策制定的小例子，恰好说明了这一点。

一个年轻人去向一个有名的富翁请教成功的经验，富翁热情地接待了年轻人。

寒暄几句之后，富翁拿出了三块大小不等的西瓜放在年轻人的面前说："如果每块西瓜代表一定程度的利益，你选择哪块？"

"当然是最大的那块！"年轻人毫不犹豫地回答。

富翁一笑："那好，请吧！"

富翁把最大的那块西瓜递给年轻人，自己却吃起了最小的那块，很快就吃完了，随后富翁拿起了桌上的最后一块西瓜，得意地在年轻人面前晃了晃，大口吃起来。

年轻人马上就明白了富翁的意思：富翁吃的瓜虽没有年轻人的瓜大，却比年轻人吃得多。如果每块代表一定程度的利益，那么富翁占的利益自然比年轻人要多。

吃完西瓜，富翁对年轻人说："要想成功，就要学会放弃，只有放弃眼前利益，才能获得长远的大利，这就是我的成功之道。"

总之，目光要长远，才能做得好大事情。

领导别人，让自己受益

有一天，你成了领导者。也许成为领导者的第一天，你还沉浸在升迁的欣喜之中，但第二天你就要进入这个充满挑战的职位。这并不只是一次职位的升迁，更是对你能力的检验——你是否具备领导的能力。

"领导"更多的是建立在个人影响力和专长权以及模范作用的基础上，首先，领导者必然会有部下或追随者；其次，领导者拥有影响追随者的能力；再次，领导的目的是通过影响部下来实现企业的目标。

因此，一个人可能既是管理者也是领导者，但并不是所有的管理者都能成为领导者。合格的领导者运用的是领导的方式，不合格的领导者则是运用管理的方式。领导者虽然握有职权，但只能通过自己的专长权和影响力去影响别人。只有做到管理自己，影响别人，这才是合格的领导者。

可见，领导者应该具备一些基本的能力或者准则，这个基本准则的核心就是，只有被领导者成功，领导者才能成功。走上管理岗位通常有两条通道，一是有特殊的专业技术能力，同时被委以管理的责任。第二，在管理方面展现了艺术的能力和魅力。当然，也有二者兼备的人才，但微乎其微。

作为一个优秀的领导者，应有以下的准则：

◎提升你的团队

一个人一旦走上管理岗位，特别是主要管理岗位，其成功之举就不再是发展自己，而是发展别人。也就是说，领导者行使领导职权的过程，在很大程度上就是不断地发现别人、发展别人的过程。这个过程，就是团队提升的过程。

用韦尔奇的话说就是："在你成为领导以前，成功只同自己的成长有关。当你成为领导以后，成功同别人的成长有关。"不难理解拥有最好球员的球队并不总是赢得最终的胜利，但同等条件下，获胜的概率要高。作为领导者，你应该去创造这个条件或者环境。也就是说，作为一个领导者，你不是让自己变得如何强，而是让你的员工变得更强，变得更会协同。

◎正直，赢取他人的信任

作为领导者，首先你要正直，以坦诚的精神、透明度和声望，建立别人对自己的信赖感。对某些人来说，成为领导者意味着开始了自己的权力之旅。为了维护自己的权威，使用一些不入流的手段，同时，他们喜欢对人和信息保持控制的感觉。因此，他们会保守秘密，不透露自己对员工及其业绩的想法，把自己关于公司未来发展的想法隐藏起来。这种举止当然可以让领导建立起自己的地盘，但是，它却把信任排斥在了团队之外。

而当领导们表现出真诚、坦率，言出必行的时候，信任就出现了，事情就是这样简单。你的员工应当知道，自己的业绩表现如何，公司的业务进展得怎么样。作为领导者，你必须战胜自己的本能，不要试图掩盖或者粉饰那些糟糕的信息，否则，你就可能损失自己团队的信任和能量。

◎懂得工作的乐趣

快乐的员工会提供相对高质量的服务。因此，要让你的员工体会到工作的乐趣，不要施加工作之外的压力，否则会让员工疲于应对不相干的事情。

◎让员工拥有梦想

员工往往会有个人的远景，有时它会跟公司的远景相冲突。在这种情况下，否定或者排斥它们是大错特错的，而应该去引导，为员工制订发展计划，尽量地将两个远景合二为一，牵引到公司的发展轨道。即使做不到，你也为公司或个人建立了一项资源。

◎学会分享工作成绩

当你成为一名领导以后，有时不免会感到这样的冲动，你想说："请看看我做出的成绩。"当你的团队表现出色时，你希望把功劳都归到自己头上。然而要明白，担任领导并不意味着给你授予了王冠，而是给你赋予了一项职责——使其他人身上最好的潜质发挥出来。为了实现这个目标，就必须让你的员工信赖你，共同分享工作的成绩。

要想获得员工们的信赖，领导们也应该赏罚分明、以身作则。绝不能霸占自己手下的成就，把别人的好主意窃为己有。应该有足够的自信和理智，不需要媚上欺下，要明白团队的成功就是对自己的认可。

◎善于倾听并敢于承认错误

作为领导者，你需要维护自己的权威。但并不见得每次都是独立决策，

你需要去倾听部下的声音，汇集多家之言。俗话说，三个臭皮匠，顶个诸葛亮。况且，人无完人，领导者也不是圣人，犯错误也不足为奇，千万不要因为维护权威去掩盖错误，那会让你更愚蠢。

◎正视相对的意见和建议

发现问题是解决问题的一半。我们每个人都喜欢正面的意见，对待负面的意见往往会有敌对的心理。但作为领导者，应该善于倾听并正视这个问题，有些需要给予澄清和解释，有些则会成为正面的意见和建议。作为领导者，应该是领导自己，影响别人。

领导者领导别人，自己也需要遵守一些准则，而这些准则会对自己产生一定的影响，让自己受益终生。作为一名领导者，这也许很难做到，不过这并不会影响一个人前进的步伐，只要有耐心、恒心，相信成功就会不远。

做人大气是领导者的优势

领导者不能小肚鸡肠，为大事者，必有大智慧，大心胸。

俗话说得好，士为知己者死，因此，对于主管来讲，懂得部下、赏识部下、信任部下，是赢得部下忠心的前提条件。

秦朝末年，各地起义风起云涌。当时有两支实力较强的队伍，一支是刘邦的汉军，一支是项羽的楚军。相对而言，汉军的实力远不如楚军。韩信最初投奔项羽，结果项羽不识英雄，根本就没注意到他。于是韩信又改投刘邦，一开始，刘邦也没把韩信放在眼中，弄得韩信一生气骑马走人。幸亏刘邦的重臣萧何慧眼识才俊，得知韩信离开，立刻就追，连招呼都来不及向刘邦打。

萧何终于把韩信给追回来了，并建议刘邦选择黄道吉日，以最隆重的仪式封坛拜将，拜韩信为大将军。刘邦一一采纳，结果证明，如果没有韩信，刘邦得天下只能是个未知数。

善于知人，还要善于用人。所谓知遇之恩，是指你不仅能理解、赏识对方的才能，更主要的是你能让对方发挥他的才能。

无论管理还是经营，凡是不可信任者，都不能用；凡是可用的，就不能怀疑。"疑人不用、用人不疑"，历来被人们视为用人的信条。但是，要真正做到这点也很不容易。以大家熟悉的三国故事为例，诸葛亮一生谨慎，但他在关系着出师成败的街亭一战中，误用了"言过其实，不可大用"的马谡，结果街亭失守，北伐告吹，误了大事。曹操挥师南下，在赤壁之战中，本来可以重用荆州降将蔡瑁、张允来训练水军，以弥补北方士兵不习水战的缺陷，但他却中了周瑜之计，无端怀疑蔡、张二人，结果蔡、张被杀，水战失利，遭周瑜火攻而败。这两个例子，前者是该疑而不疑，后者是不该疑而疑，同样犯了错误。

一天，一位父亲跟他的儿子在户外玩。儿子爬到墙上想往下跳，他让父

亲在下面接住他。在他准备跳下来之前，父亲跟他讲了一个故事：这个故事中也有一位父亲跟儿子。故事中的父亲是美国的一个富翁。这个富翁的儿子有一天爬到一面墙上往下跳，富翁张开双臂在下面等着接住他的儿子。可是当他的儿子跳下去的时候，这个富翁却闪身躲开了。富翁的儿子摔在地上，一面哭一面很困惑地看着父亲，不知道他为什么要这样做。这时候，富翁跟他的儿子说：我让你跌一跤是为了让你学到一课——这个世界上就连父亲有时也未必信得过，何况其他陌生人。讲完了富翁与儿子的故事，这位讲故事的父亲也伸出双臂，对儿子说：来，跳下来吧，我会接住你。这时，儿子心里不安起来，这个故事已经让他的内心产生了怀疑与犹豫。父亲连声催促他。于是，儿子咬咬牙闭上眼睛跳了下去。他以为会摔在地面，但当他睁开眼的时候，却发现自己躺在父亲的怀抱里。父亲对他说：我也想让你学到一课——连陌生人有时你也可以相信，何况是你的父亲呢？

信任是相互的，是需要各方付出同等的努力来对待的。上司和下属之间很容易产生误解，形成隔阂。一个聪明的领导，常常能以其巧妙地处理方式，显示自己用人不疑的气度，从而使部下更加忠心地效力于自己。

只有信任，才能让你的下属独立自主地行使职权。你的下属只有有了独立自主的地位，方可充分发挥其各种才能。只有信任，才能令人才忠心不渝地献身事业。而有时不得不采取的"用人也疑"、"疑人亦用"的策略，目的却也是与"疑人不用、用人不疑"一致的，有着殊途同归的意义。"疑人不用、用人不疑"是用人的原则，"用人也疑"、"疑人亦用"是用人的策略，其目的就是为了更好地监督、爱护人才，不断地提升人才的素质，使人才发挥出更大的能量。

东汉初年，刘秀手下有一员战将，名叫冯异，英勇善战，忠心耿耿。刘秀转战河北时，吃了不少败仗。在一次行军途中，缺衣少食，饥寒交迫，是冯异送上仅有的豆粥麦饭，才使刘秀摆脱困境。冯异治军有方，为人谦逊，每当诸位将军相聚，各自夸耀功劳时，他总是一个人独避大树之下，因此，人们称他为"大树将军"。

冯异长期转战于河北、关中，深得民心，成为刘秀政权的西北屏障。这自然引起同僚的妒忌。一个名叫宋嵩的使臣，前后四次诋毁冯异，说他控制关中，擅杀官吏，威权至重，百姓归心，都称他为"咸阳王"。

冯异对自己久握兵权，远离朝廷，也感到不安，担心被刘秀猜忌，于是一再请求回到洛阳。刘秀对冯异的确也不大放心，可西北地区却又离不开冯异。为了解除冯异的顾虑，刘秀便把宋嵩告发他的密信送给冯异。这一招的确高明，既可解释对冯异深信不疑，也暗示了朝廷早有戒备。恩威并用，使冯异连忙自表忠心。刘秀这才回书道："将军之于我，从公义上讲是君臣，从私恩上讲如父子，我还会对你猜忌吗？你又何必担心呢？"

当主管最忌讳的一点就是，妒忌下属，担心部下的能力超越自己，取代自己。当主管就要有主管的气魄。这气魄包括两个方面，一是要有容人之量，二是要有用人之胆。容人之量包括三个方面，要容得下比自己才能高的人才，要团结任用那些曾经反对过自己或意见并不一致的人才，能够任用跟自己疏远的人，这样才能够成就大的事业。

许多人称日本著名企业家松下幸之助是经营能手，可他自己并不这样认为。他认为自己只是个平凡的人，既没有丰富的学识，也没有充分的才能。但是称赞他的人太多了，于是松下开始重新思考自己究竟为什么会博得人们的赞誉。结果，他相信自己找到了正确的答案，那就是他认为自己的员工比自己能干，比自己有学问，比自己有才干。

在松下看来，生意成功与否，完全看主管用人的态度。认为自己的下属是最优秀的，同时信任他们，那员工就会拼命地努力工作，使生意越做越大。

不要让权力欲和名望欲蒙住双眼

当拥有了一定的权力时,也意味着一种孤独的开始。当然,政治生命与企业生命不一样,因为地位不一样,形式不一样,内容也不一样。但是却有着一定的共同点,那就是权力,有权力可以做自己权力范围内的事情。权力意味着一种孤独的开始,那是对事业的思考,是工作方法和工作状态,这种孤独是相对的。当在事业上有所成绩,对组织有所发展的时候,必定有人赞同,此时就不会再孤独。

领导者的保护主义很强,有时有分裂心态,排斥性强,内心缺乏安全感,使其对周边人和事物的相对要求比较高,也比较想去掌控身边的一切,但是要记住,世上不可能有完全掌控的事。

那些只是为了获得高人一等的权力,赚到更多的金钱,或者是获得巨大名望的领导者往往会把身边的人看成是一种满足自我或者是炫耀自己权势地位的工具。无论是在公开场合还是在私下里,他们总会表现出一种强烈的自恋心理。作为一名机构领导者,他们很容易相信自己就是这个机构的主体,如果没有自己,整个机构就将无法运转。

在这方面,一个最具悲剧色彩的例子就是纽约证券交易所前任CEO理查德·格拉索。就在他离开纽约证券交易所之前的那段日子里,格拉索的权力欲和名望欲已经膨胀到了一个极其夸张的地步,以至于他居然要求获得1.3亿美元的薪酬,而他最终的结果只能是被迫辞职。

相比之下,施乐公司CEO安妮·马尔卡希就表现得非常理智。尽管她成功地将施乐公司带离了困境,但她却在媒体的关注面前相当冷静。她告诉人们自己曾经接到过导师,施乐公司前任CEO大卫·卡恩斯的一个电话。当时她正处于自己职业生涯中最黑暗的时期,而她手头最主要的工作就是尽量避免公司破产,并想尽一切办法避免证券交易所对施乐公司开展调查。"马尔卡希,你相信他们在报纸上写的那些关于你的事情吗?"卡恩斯在电话那头问道。"不，大卫。"马尔卡希冷静地回答。"那就好，"卡恩斯说，"那当他们说是你拯救了施乐公司的时候，也不要相信。"

相比之下，那些总是需要从外界评论中得到满足的领导者往往很难坚定自己的立场。他们会拒绝那些敢于直言不讳的批评者，而这样做的结果，只会让自己的身边聚集一大群阿谀奉承、溜须拍马之人。渐渐地，他们就会拒绝与周围的人进行诚实的对话，而周围的人也开始慢慢学会不再跟他们直接对抗。

领导者之所以会表现出前面所说的那种倾向，很可能是因为他们内心深处害怕失败。许多领导者是通过将自己的愿望强加于人而爬到组织顶端的。到了组织最顶端之后，他们就会担心自己是否已经成了其他人瞄准的目标。在他们强势的外表之下，其实隐藏着一种巨大的不安全感。他们担心自己可能并不适合当前的领导职位，担心自己迟早有一天被拆穿。

为了克服内心的这种恐惧，他们开始拼命地追求完美，拒绝承认自己的弱势和失败。一旦遭遇失败，他们就会试图掩盖或想办法说服身边的人，让他们相信失败并不是自己的问题。同时，他们会在自己的组织内部或其他组织中寻找替罪羊，让别人为自己的过失承担责任。在这个过程中，他们会借用自己手中的权力、个人魅力以及沟通技巧说服其他人相信自己，从而让整个组织看不到真相。最终，当一切都被拆穿之后，真正要承担后果的，还是他们所在的组织。

害怕失败的另一面是一种永不满足的对成功的渴求。大多数领导者都希望能够率领自己的组织取得好的业绩，并从中得到相应的认可和回报。一旦取得成功，他们就会得到更多的权力，并开始享受随之而来的名望。在这个过程中，成功很可能会冲昏他们的头脑，并让他们有一种特权感。一旦达到了权力的顶峰，他们就会有一种想要维持这种状态的欲望。他们总是想不断地突破极限，并且坚信自己一定能够做到。

诺华制药CEO丹尼尔·魏思乐在2002年接受《财富》杂志采访时这样描述这个过程：一旦你进入了这种循环，即便是不小心进入的……你就会开始牺牲一些重要的，而且是从长远来看对你的公司非常重要的东西。你之所以要拼命地推动这个循环，与其说是害怕失败，还不如说是渴求成功……因为对于我们当中的很多人来说，成为一名成功的管理者是一件十分令人心醉神

往的事情。这种寻求赞誉的心态形成了一种信念，甚至是扭曲的信念。当你取得一些好结果的时候，你通常会接到来自各方面的祝贺，于是你很容易就会开始相信所有的恭贺都是围绕你而来的。这时你就会对外部世界产生理想化的信念，你就会很容易相信他们所说的关于你的一切都是真的。

领导者知道自己最终必须要承担起巨大的责任，知道很多人的命运都掌握在自己的手上。一旦他们失败，很多人都会受到伤害，因而产生巨大的压力。为了逃避这种压力，很多领导者选择让自己尽快逃离。他们能与谁一起分担自己内心的焦虑呢？当然，他们很难向自己的下属或董事会成员袒露自己所面临的最大问题和内心最深处的恐惧。来自其他公司的朋友可能根本不理解他们所面对的挑战，而且公开讨论自己的困惑还可能会引发很多不必要的谣言。有时，他们甚至很难跟自己的配偶或导师一起讨论这些问题。

由于这种来自内心的孤独感，很多领导者都会回避自己的恐惧，封闭自己的内心，屈服于外界的压力，并相信只要能够应付这些压力，一切就都会好起来。但这些来自外界的声音经常会发生冲突，让他们难以应付，于是他们只好选择听从那些和自己观点相同的人的意见。

与此同时，他们的职业生活和个人生活变得越来越不平衡。由于总是害怕失败，他们开始把更多的精力投入到工作中，他们甚至会说："工作就是我的生活。"最终，他们与那些最亲近的人：他们的配偶、孩子以及最好的朋友开始疏远，或者他们会根据自己的喜好选择性地跟他们交往。慢慢地，这些小失误开始导致大问题，而这些问题都是无法通过努力工作来解决的。出现这种情况的时候，他们并不会想到去寻找睿智的建议，反而会开始给自己挖一个更深的洞。最终，当一切都陷入崩溃的时候，他们就会发现自己根本无法逃避这一切。

那么，"他们"到底是谁呢？可能是某位正在面临巨大压力的执行官，也可能是某位"由于个人原因"而被迫辞职的前任CEO或组织领袖。但"他们"也可能是你，或者是我们当中的任何一个人。领导型的人或许并不会遇到如此严重的问题，但是可能会在领导的过程中迷失自己的方向。

附：领导者的职业点拨

❶ 多聆听，与别人协商，让自己成为更有力量的领导者类型。

❷ 在你出手干涉以前，先让别人把话说完，同时对他们的见解给予应得的鼓励。

❸ 发生争执时，要扪心自问这是否值得，当你恫吓别人时，反问自己是否愿意善后。

❹ 别太快断了自己的后路，失去的会重新获得，惹怒你的人需要为他们犯下的每一个错误而付出代价，也许你仍有可能从他身上得到对你有利的东西。

❺ 对许多人而言，你的威胁、激烈的长篇大论和火爆的脾气只能代表没有效率，不管这些行为在你眼中是多么的有趣。

第9型

调停者：
"我相信世界应是和谐共处的"

> 调停者接纳并相信自己和他人，态度轻松，能从容地面对自己和生活。他们心胸开放、情绪稳定并且心平气和，非常耐心、温和、谦卑。他们内在有一颗纯真的心，是真正的好人，乐观、可靠、仁慈、支持别人。他们让人感到非常舒服，似乎有种稳定和治疗的力量。他们让团体和谐，使人群合聚，是很好的调停者、安慰者以及支持者。他们高贵、安详、宁静，这来自于他们对自身状况的接纳。

调停者的自我测试

1.不容易和人起冲突,如果别人惹了自己,只要是不太忌讳的事,生完闷气就算。

2.在遇到需要选择的事情时,往往犹豫不决。一般不做没把握的事,放手一搏的机会不大。

3.不奉承别人,也不扫别人的兴,说话不带刺,用客套话交朋友。

4.很尊重长辈,也依赖家人,但如果长辈太严厉,就懒得理,而陶醉在我行我素之中。

5.觉得读书不是最重要的事,认为人是随着自然宇宙规律生活的。

6.对于将来的事不想去思考,因为变化太多,不如享受现在。

7.做错事时,会找借口原谅自己,使自己好过,因为表面上虽然表现出无动于衷的样子,但内心其实是很脆弱的。

8.为了顾虑别人的感觉高兴与否,常忽视自己的需要,因此常顺应别人。

9.性格乐观,对任何事都不想太深入,反正顺其自然,水到渠成,所以内心平静,有时显得不够积极,别人会嫌自己动作太慢。

10.很平静自在,也没什么事值得烦心,总觉得大家都很好。

11.遇到有冲突的事情,尽量不去插手,因为实在太麻烦了。

12.如果能拥有一个惬意、舒服的空间,让自己懒在里面,不知有多好。

13.每个人的意见都会不同,那有什么关系,反正以大家的意见为意见。

14.生命哪有那么严肃?每天悠闲自在,得过且过有什么不好?

15.别人看自己好像永远没事,平静、稳定又随和,其实有时候心也很乱,也会多愁善感。

16.不想做那么多的事,宁愿去睡觉。

17.其实也喜欢思考一些问题,只是不说出来罢了,如果说了,别人会感到惊讶,同时也证明自己不是脑袋空空。

18.不喜欢争名夺利,宁愿享受自然,觉得这种境界安全多了。

19. 打打球、爬爬山、赛赛跑，汗一出有多舒爽，只是奇怪怎么还没有人来约自己？

20. 很容易迷惑。

21. 认为身体上的舒适对自己来说非常重要。

22. 时常拖延问题，不去解决。

23. 宁愿适应别人，包括伴侣，而不会反抗他们。

24. 别人批评时，也不会回应和辩解，因为不想发生任何争执与冲突。

25. 经常忘记自己的需要。

26. 不会相信一个自己一直都无法了解的人。

27. 很在乎家人，在家中表现得忠诚和包容。

28. 不要求得到太多的注意力。

29. 很容易认同别人为自己所做的事和所知的一切。

30. 容易感到沮丧和麻木更多于愤怒。

31. 温和平静，不自夸，不爱与人竞争。

32. 有时善良可爱，有时又粗野暴躁，很难捉摸。

这些问题，若你都回答是，无疑你与调停者相去不远。

爱好和平是调停者的社会义务

调停者渴求宁静、规避冲突,他们最大的特色是追求和平与平静,避免纷争和冲突。他们喜好安详、舒适的人生,对于争斗及个人野心的实现往往不太有兴趣,甚至舍弃自我主见,以避免坚持自我可能带给生活的冲突和纷争。对于他们来说,生活中最重要的是平静,他们也十分重视平静、和平、和谐的人际与社会关系。我们常听到和乐就是力量、家和万事兴、以和为贵……都强调一个"和"字。在这些前提下,个人的兴趣、喜好、真正的想法、需求和愿望都不重要,甚至被占点便宜、吃点亏也不必计较,只要大家高兴就好,个人的自我情绪应该被摒除。

这类型的人性情显得十分温和、放松、不自夸、不爱出风头、个性淡薄、十足大好人的样子,但是却因为太淡薄、消极,有时也显得懒散、缺乏活力,甚至给人堕落、不知进取的感觉。

以随和的消极面貌示人、觉得自己生命的角色在于成全他人而非成全自己、不敢坚持己见。而事实上,他们是很固执、很有自己意见的人。但在这种性格的影响下,他们只好抹灭自己的个性,迁就环境。

由于调停者容易收藏自己的意愿去迎合别人,有时会给人阳奉阴违的感觉,因此当别人问他意见或办某些事时,他会惯性地同意,但却未必去做,因为他的内心是不同意的。因此,在与这类型的人进行沟通时,要明白这一点,这样,才能减少误会。一般来说,调停者爱用身体语言来沟通,眼神、脸色、语气,都会告诉你他是否真的喜欢,只要细心留意,就能理解。

这一类型的人总是在事情启动后才付诸行动,但是一旦启动,就能发挥强劲潜力。他们喜欢超然、置身事外、不强求、甚至淡漠。他们不易成为决策者,尤其是在他们的私人生活中。他们不想未来,不做决策,宁可只做他们眼前喜欢的事。他们不想为决策的后果负责,所以他们总是逃避问题,直到其他人出面解决。但一般说来,他们很乐意配合其他人所做的决策,他们会遵从决策，只要这么做可以保持内心的宁静。

调停者有时会漫不经心、粗心大意，所以常忘记约定或是对现实不加应对。常常听别人的话，不太发表意见，也不主动。他们忙碌的事往往不是因为争取自我实现，而是忙既定的规章或行程。他们深信船到桥头自然直，认为凡事不必太早去做，一定能在限期前完成。可惜这大多数是调停者过分乐观的想法，往往期限已过，他还是做不完。很多时候，他们都分不清什么重要、什么不重要。

调停者一般性情温和容忍，愿意倾听别人，也很有同情心，可以完全了解并认同说话者的立场、困难、想法和个性，能让人很安心地吐露心声，不会乱传话，也不会鸡婆多事。很有排解纠纷的能力，能看见事情的正、反面，能替两边说好话，有了解双方的情绪和委屈的能力。很容易沟通，但没什么主见，无法帮助别人拿主意。很容易认同别人，所以很能适应环境，对一切都不太挑剔。他们很容易接受各式各样的人，奇怪难缠都无所谓。他们一般不做批判，也不具威胁性，永远愿意使不同的意见互相平衡，因此，和他们相处没有压力。他们不尝试改变别人，只以平静感染周围的人，安抚急躁的人。

但是，值得注意的是，调停者有逃避各种冲突的倾向。事实上，冲突在改善社会和自己的人际关系上是不可或缺的元素。因此，我们要尊重这类人的意见，并引导他们处理冲突。如此一来，他们必定能察觉到自己的价值，避免掉进自卑的陷阱里。

善于"和稀泥",爱当"和事老"

调停者觉得自己是一个普通人,会尽力维持和谐的生活,与他人融洽地相处,避免发生冲突。他们相信"忍一时风平浪静,退一步海阔天空"。一般而言,不喜欢命令别人,但当别人命令自己时,会产生反感。他们不喜欢冲突,所以当别人有冲突时,他们会为摆平冲突而尽心尽力,由于他们自己心平气和,跟他们在一起,好像有自然的安抚力量,情绪也很难激动,所以说他们有着很强的解决不愉快争端的能力。做人圆滑,说话不带刺,不容易和他人起冲突,只要不触碰到忌讳的事,不管再怎么生气,只要对方认错道歉,事情也就算了。他们不奉承别人,也不扫别人的兴,常说一些客套话以交到朋友。

在调停者的眼中,所看到的世界是自己的存在,付出与否并不重要、自己的身份也不重要,世上所有的单一事物都不重要,重要的是整体那份归属感和舒适的感觉。他们相信,要得到这份和谐、平静,就只有把自己的专注投放于他人的立场,把自己融入他人,或者把自己的能量分散在不同的替代品里,这就可避免因个人立场引起冲突,令平静的内心泛起波动,是典型的"和事老"。

有道是"清官难断家务事",然而,那些活跃于城乡的"和事老"却为周围的群众化解家庭矛盾,恢复家庭和睦幸福发挥了重要作用。

在家庭生活中,矛盾可以说是普遍存在。诸如夫妻矛盾、婆媳矛盾、父母子女之间的矛盾,甚至还有邻里乡党之间的矛盾。这些矛盾,如果掉以轻心,处理不当,也会由口角发展到出现恶性事故。到了那一步,当然可以用法律去解决,但那些"和事老"的可贵之处就在于使矛盾能化解在萌芽状态,使之不升级不恶化,从某种意义上来讲,他们的种种努力体现了对当事人的关爱。

就一般而言,这些"和事老"都是在某一区域内威望较高者。他们根据法律与道德深入浅出,反复比论,总能把道理说透说圆。绝大多数当事人对于他们的"调解",不仅能接受,而且事后久久心存感激。当然,也有个别人说:"这是我的家务事,别人少管,谁管我对谁不客气!"这样的态度,分明让那些调解员们碰了一鼻子灰。尽管如此，他们在后来的工作中仍不改初衷，全心全意地尽自己的义务。

来看这样一则消息：

在浙江省杭州市下城区，有个特殊的民间社团组织叫"和事老"协会，全区71个社区均建有协会，现已有"和事老"933名。

小小"和事老"起着大作用。从2008年初建立以来，共参与协调全区109起社会公共事务，预防及调解133起民间纠纷，向党委、政府反映70件社情民意，协助实现了"小事不出楼道、大事不出社区"的目标。

"和事老"调解机制与传统的人民调解制度相比，具有鲜明的"草根性"、"民间性"，工作方式更加灵活、更贴近群众。"和事老"一般由社区内的离退休党员、干部、教师、医生、政法工作人员和社区居民自治会长、单元居民自治小组长担当，他们在居民中威信较高，自身也愿意为社区建设出力。其中大多为原先工作单位的骨干，既熟悉小区居民的情况，又具有较强的分析能力和民事协调能力，能为调解工作出力。

那么，为什么这些"和事老"有调解矛盾的能力呢？究其原因还是因为他们善解人意，随和，容易了解他人。

善解人意，不应仅从文字上所体现的善于揣摩人的心意去理解。其"善解"的"善"，也不能仅作"善于"解释。它还应包含善心、善良的愿望这层意思。善解人意，首先要与人为善，善待他人，而后才能理解人、谅解人、体察人，体现你人格的魅力。

人的善解人意有两种：其一，什么也不在意，这是对大众的，是给大家空间，给自己空气的明智做法。其二，是对自己在意的人或者事，因为用心，因为在意，而去设身处地地考虑，给别人自由。

俗话说，"善心即天堂"。只有怀抱善心的人，才能爱人，欣赏人，宽容人。他们深知，人字的结构是互相支撑的，懂得相互接纳、相互合作、相互融洽。尊重他人的优势和才华，也宽容他人的脾气和个性。对别人，完全是欣赏他美好的地方，而不去计较他的缺点，或者说与自己不合拍的地方。不能理解的时候，就试着去谅解；不能谅解，就平静地去接受。

美国文学家切斯特·菲尔德说："用你喜欢别人对待你的方式去对待别人。"的确，人，都是需要别人理解、同情和尊敬的。推己及人，与人相处应

该豁达一些,像知名作家叶延滨所说的"礼让三先":与同事相处先让三分,与长者相处先敬三分,与弱者相处先帮三分。若能如此,那么沐浴我们的必将是阵阵和煦的春风和一片灿烂的阳光。

善解人意,是善于体察他人的心境,给人以及时雨一样的帮助,让温馨、祥和、慰藉来浓化人生,沟通心灵。比如,对窘迫的人讲一句解围的话,对颓丧的人讲一句鼓励的话,对迷途的人讲一句提醒的话,对自卑的人讲一句振作的话,对苦痛的人讲一句安慰的话……这些非物质化的精神兴奋剂,既不需要花什么金钱,也不需要耗多少精力,而对需要帮助的人来说,又何啻于旱天的甘霖,雪中的炭火?

所以说,调停者的性格特征注定了他们善于"和稀泥",爱当"和事老"。

容易赢得良好的人际关系

具有调停者性格的人是所有人最伟大的朋友，因为他们的天赋造就了良好的人际关系。他是世界上最好的聆听者，能不开口就不开口。参加宴会时会面带微笑，迈着缓慢的脚步很优雅地走进宴会厅，在一个不引人注意的角落坐下，如果那个角落非常安静，他很快就可能睡着。实在要参加讨论的话，也很幽默，谈话很机智，而且能谈出几句让别人觉得很经典、很机智的话。

调停者能够保持良好的人际关系，容易赢得好人缘主要在于调停者做到了以下几个方面。

◎尊重别人

俗话说："种瓜得瓜，种豆得豆。"这条朴素哲理要运用到社会交往中。可以说，你处处尊重别人，得到的回报就是别人处处尊重你，因为尊重别人其实就是尊重自己。

有这样一个有趣的故事：一个小孩子不懂得见到大人要主动问好，对同伴要友好团结，也就是缺少礼貌意识。聪明的妈妈为了纠正他这个缺点，把他领到一个山谷中，对着周围的群山喊："你好，你好。"山谷回应："你好，你好。"妈妈又领着小孩喊："我爱你，我爱你。"不用说，山谷也喊道："我爱你，我爱你。"小孩惊奇地问妈妈这是为什么，妈妈告诉他："朝天空吐唾沫的人，唾沫也会落在他的脸上；尊敬别人的人，别人也会尊敬他。因此，不管是时常见面还是远隔千里，都要做到尊敬别人。"

◎乐于助人

人是需要关怀和帮助的，也要十分珍惜自己在困境中得到的关怀和帮助，并把它看成是"雪中送炭"，视帮助者为真正的、最好的朋友。

马克思在创立政治经济学时，正是他在经济上最贫困的时候，恩格斯经常慷慨解囊帮助他摆脱经济上的困境。对此，马克思十分感激。当《资本论》出版后，马克思写了一封信表示他的衷心谢意："这件事之所以成为可

能，我只有归功于你。没有你对我的牺牲精神，我绝对不能完成那三卷的巨著。"两人友好相处，患难与共长达40年之久。列宁曾盛赞这两位革命导师的友谊"超过了一切古老的传说中最动人的友谊故事"。

帮助别人不一定是物质上的帮助，简单的举手之劳或关怀的话语，就能让别人产生久久的感动。如果你能做到帮助曾经伤害过自己的人，不但能显示出你的博大胸怀，而且还有助于"化敌为友"，为自己营造一个更为宽松的人际环境。

◎真诚赞美

林肯说过："每个人都喜欢赞美。"赞美之所以得其殊遇，一在于其"美"字，表明被赞美者有卓然不凡的地方；二在于其"赞"字，表明赞美者友好、热情的待人态度。人类行为学家约翰·杜威也说："人类本质里最深远的驱策力就是希望具有重要性，希望被赞美。"因此，对于他人的成绩与进步，要肯定，要赞扬，要鼓励。当别人有值得褒奖之处，你应毫不吝啬地给予诚挚的赞许，以使得人们的交往变得和谐而温馨。

历史上，戴维和法拉第的合作是一个典范。虽然有一段时间，法拉第的突出成就引起戴维的忌妒，但其二人的友谊仍被世人所称道。这份情缘的取得少不了法拉第对戴维的真诚赞美这个原因。法拉第在与戴维相识前，就给戴维写信："戴维先生，您的讲演真好，我简直听得入迷了，我热爱化学，我想拜您为师……"收到信后，戴维便约见了法拉第。后来，法拉第成了近代电磁学的奠基人，名满欧洲，他也总忘不了戴维，说："是他把我领进科学殿堂大门的。"可以说，赞美是友谊的源泉，是一种理想的黏合剂，它不但会把老相识、老朋友团结得更加紧密，而且可以把互不相识的人连在一起。

◎诙谐幽默

人人都喜欢和机智风趣、谈吐幽默的人交往，而不愿同动辄与人争吵或者郁郁寡欢、言语乏味的人来往。幽默，可以说是一块磁铁，以此吸引着大家；也可以说是一种润滑剂，使烦恼变为欢畅，使痛苦变成愉快，将尴尬转为融洽。

美国作家马克·吐温机智幽默。有一次他去某小城，临行前别人告诉他，那里的蚊子特别厉害。到了那个小城，正当他在旅店登记房间时，一只蚊子正好在马克·吐温眼前盘旋，这使得职员不胜尴尬。马克·吐温却满不在乎地对职员说："贵地蚊子比传说中不知聪明多少倍，它竟会预先看好我的房间号码，以便夜晚光顾、饱餐一顿。"大家听了不禁哈哈大笑。

结果，这一夜马克·吐温睡得十分香甜。原来，旅馆全体职员一齐出动，驱赶蚊子，不让这位博得众人喜爱的作家被"聪明的蚊子"叮咬。幽默，不仅使马克·吐温拥有一群诚挚的朋友，而且也因此得到陌生人的"特别关照"。

◎大度宽容

在人与人的交往中，难免会出现磕磕碰碰的现象。在这种情况下，学会大度和宽容，就会使你赢得一个绿色的人际环境。要知道，"人非圣贤，孰能无过"。因此，不要对别人的过错耿耿于怀、念念不忘。生活的路，因为有了大度和宽容，才会越走越宽，而思想狭隘，则会把自己逼进死胡同。

《三国演义》中，周瑜是个才华横溢、度量狭窄的英雄人物，而据史书记载，周瑜并不是小肚鸡肠，而是因为自己的大度宽容拥有一份好人缘。比如说，东吴老将程普原先与周瑜不和，关系很不好。周瑜不因程普对自己不友好，就以其人之道还治其人之身，而是不抱成见、宽容待之。日子长了，程普了解了周瑜的为人，深受感动，体会到和周瑜交往，"若饮醇醪自醉"——就像喝了甘醇美酒自醉一般。

◎诚恳道歉

有时候，一不小心，可能会碰碎别人心爱的花瓶；自己欠考虑，可能会误解别人的好意；自己一句无意的话，可能会大大伤害别人的心……如果你不小心得罪了别人，就应真诚地道歉。这样不仅可以弥补过失、化解矛盾，而且还能促进双方心理上的沟通，缓解彼此的关系。切不可把道歉当成耻辱，那样将有可能使你失去一位朋友。

英国首相丘吉尔起初对美国总统杜鲁门印象很坏，但是他后来告诉杜鲁门，说以前低估了他，这是以赞许的方式表示道歉。解放战争时期，彭德怀元帅有一次错怪了洪学智将军，后来彭德怀拿了一个梨，笑着对洪学智说："来，吃梨吧！我赔礼（梨）了。"说完两人一起哈哈大笑起来。

良好的人际关系能够使人获得安全感和归属感，给人精神上的愉悦和满足，促进身心健康。因此，做到上面提到的几个方面，你也能够像调停者那样与人保持良好的人际关系。

心态平和,做人永远乐观

平和的心态,是健康生活的前提,更是顺利工作的基本保证。所以人不管到了什么样的年龄,都应该始终保持一颗充满活力的心,一份平和的心态。在平和的心态中寻找一份希望,驱散心中的阴霾,让心中充满战胜困难的勇气和信心,并以这种积极的情绪投入工作。

在我们日常的工作与生活中,谁都会遇到许多不尽如人意的烦恼事,关键是要以一份平和的心态去面对这一切。生活往往是琐碎的,保持一种平和的心态尤为重要。平和的心态并不是说让我们不思进取,不求上进,而是要求我们在对待成功时不骄傲,对待挫折时不气馁。

在我们成功的时候,我们不能忘记获得成功时的艰苦,更应该预想到未来路途可能遇到的困难,在最辉煌的时刻,能够不忘本,能够将自己的心情淡定,这也是一个人实现下一次成功的基础。如果我们遭遇了不幸,也不要沉沦,因为阳光总在风雨后,经历了困难冲刷的人生才是完整的人生,才能有真正的收获。

人生总得有一种动力催促着前行,在通往彼岸的漫漫征途中,要以平和的心态坚持踏踏实实地做事,坦坦荡荡地做人。不因为工作的琐细而拒绝平凡的生活,不因为名利的诱惑而放弃做人的原则。

我们虽然每天要面对不想面对而又必须面对的繁忙,还有那些不想承受而又必须承受的沉重,然而,匆匆几十载的春夏秋冬,依然以平和的心态这样度过了。假如有机会重新来过,我们会把握所有失去的时光,填补人生的许多空白,不让生命有一丝遗憾。为人一世很不易,能够存在于世上,已心满意足了。虽然生命短暂,但毕竟我们在有限的时间里,为这个世界带来了一份精彩。因此,不要和他人纷争,别计较口头上的一句话,活得轻松些、容忍些,要以微笑对待每一个人,哪怕他和你只有一面之缘。

人世间有许多东西需要珍惜,家庭的温暖、朋友的友谊、师长的教诲。而相处最多的是自己，你有一位最好的人生导师，那就是你自己。因此，更要珍惜自己并认识了解自己，不要奢求自己力所不能及的事情，这样会适得其反。心灵的宁静，必须有一种对人生的满足感，才能保持自由自在。只有用冷静、平和的心态来面对现实，才能给自己的生活注入自信和力量，才能使你的工作成功，生活充实。挣扎一生所为何来？别苛求一切，顺其自然既是"真"。

在有着长久之计的事业中，拼搏的我们更需要具备一颗良好的心态，只有保持良好的心态，才会产生积极因素，才能对我们的工作起到推波助澜的作用，才能够让我们笑看各类风云变幻而志向不改，才能够让我们在百年的事业中行进得更长远。

那么，怎样才能有一个良好的心态呢？

首先，自己的心痛只能自己疗，不必为痛苦的悔恨而丧失现在的心情。偶尔抱怨发泄一下，也是必要的。无休止的抱怨只会增添烦恼，只能向别人显示自己的无能。要知道，抱怨是一种致命的消极心态，一旦自己的抱怨成为恶习，那么人生就会暗无天日，不仅自己的好心境全无，而且别人也跟着倒霉。抱怨没有好处，乐观才最重要。

其次，要明白好心境是自己创造的。我们无法改变别人的看法，能改变的只有我们自己。坏的生活不在于别人的过错，而在于我们的心情变得恶劣。让生活变好的金钥匙不在别人手里，时间放弃怨恨和叹息，美好生活就唾手可得。我们主观上本想好好生活，可是客观上却没有好的生活，其原因是总想等待别人来改善生活。所以说，不要指望别人，而要让自己做生活的主人。

第三，用心做自己该做的事。人生是如此的短暂，哪有时间去浪费呢？有智慧的哲人曾经说过："大街上有人骂我，我是连头也不回，根本不想知道这个无聊之人！"所以说，在现实生活中，我们既不要去伤害人家，也不要被别人的批评左右，还是按照自己的愿望，先踏踏实实学好本领再说。特别在少年时要全力以赴学本领，不要分心。

第四，别总是自己跟自己过不去。学会自己欣赏自己，就等于拥有了获取快乐的金钥匙。欣赏自己不是孤芳自赏，不是唯我独尊，不是自我陶醉，更不是故步自封。自己给自己一些自信，自己给自己一点愉快，自己给自己一脸微笑，何愁没有快乐的人生呢？

第五，不要过分计较别人的评价。没有一幅画是不被别人评价的，没有

一个人是不被别人议论的。自己要是沉默寡言，有人会指责"城府很深"；自己要是善于健谈，有人又会指责"夸夸其谈"；自己要是赞美别人，有人会指责"别有用心"；自己要是善意批评，有人更会暴跳如雷，认为是"多管闲事"。光看别人的脸色，自己会活得很累，很不值。

第六，注意不要活得太累。常有人感叹，活得真累。累，是精神上的压力大；累，是心理上的负担重。累与不累总是相对的，要想不累，就要学会放松。生活贵在有张有弛。心累，会使人长期陷于亚健康状态；心累，会使自己精神不振。

在我们的生活和工作中，如意的、不如意的事情随时都可能到来，拥有一个平和的心态，拥有一个胜不骄、败不馁的胸怀，才是一个真正成功者的气派。保持积极向上的心态，才能够感受平凡中的激越，才能充分领悟成功，快乐地对待生活中的酸甜苦辣，让生活充满乐趣。

多管闲事，往往浪费自己的时间

调停者的性格就是爱管闲事，现在，多管闲事的人是不多的，因为大家都越来越聪明了。不过在现实生活中，还是能够找到这样的人。有时，调停者会在不经意间多管了闲事。要知道，偶尔的、无意之中的多管闲事问题不大，经常的、习惯性的多管闲事就是一个问题，会影响到乐观。

这里说的多管闲事与助人为乐、学雷锋做好事不是一回事。多管闲事就是指多管无益的、没有什么意义和价值的事，空费了精力，自讨苦吃，吃力不讨好，严重的会叫人生厌。这样的人虽然不多，但确实是有的，他们好像是在"多管局"（全称为"多管闲事局"）工作，经常没事找事，多管闲事。

有的多管闲事是因为精力过剩，用农村的土话说，就是吃饱饭没事做；有的是一种习惯或特性，其后果是浪费时间和精力。多管闲事就是瞎操心，经常无谓地操心，还能乐观吗？乐观总是与简单联系在一起的。

在很多情况下，多一事不如少一事，无为胜于有为。如果我们实在精力过剩，可以看书、旅行、休闲、娱乐，或者干脆多睡觉、休息，而不要去多管闲事，我们何必要自讨苦吃、自寻不乐观呢？你有做你想做的事的自由，但切勿多管闲事。对别人爱管闲事，有时也难免伤人。俗话说："管闲事落不是。"就是这个道理。

有一只猴子十分热心地把一条鲤鱼从水里捞上来，放在草地上。

麻雀惊奇地问它："你在干什么？"

猴子得意地答道："你没看到它快淹死了吗？我正在救这个家伙。"

这虽然只是一个小笑话，却是爱管闲事的人的生动写照。所谓"管闲事"就是管了别人不需要你管的事。管闲事与管所当管的事的最大差别，在于对方愿意接受的程度有所不同。中国有句古话说："各人自扫门前雪，莫管他人瓦上霜"，抛开千百年来人们加给它的种种关于自私自利的理解，实际上倒是比较容易反映人际关系应对的微妙之处的。管所当管与"管闲事"之间，有时只有一步

之遥。但是有些人往往过分出于好心而跨越了这一步,变成让人讨厌的角色。

张阳是个热情开朗的人,非常热衷于为他人解决家庭纠纷。一听说亲戚朋友中谁家有事,就到人家那里做说客。其实事情根本没那么严重,只是夫妻间常有的小矛盾而已,但是热情的张阳非常卖力地去给人家调解,弄得人家理不是,不理也不是,常常是好心帮倒忙。有些很简单的事情,反而被她弄得一团糟,总是要闹到很尴尬的地步,才肯收手。

爱管闲事的人,他们的消息往往很灵通。一听说同事中有哪两个感情陷入僵局或亮起红灯,往往不请自到,自愿充当说客,弄得人家尴尬不已,结局总是不欢而散。这就叫"好心帮了倒忙",更主要的是,这种人容易被人利用,可能被人当成工具。

就像歌词中唱的那样,"我的热情好像一把火,燃烧了整个沙漠。"这份热情的温度燃烧得太高,就会烫到身边的人,让他对你避而远之。有很多人交际非常广,性格外向,为人热情开朗,可就是口碑不好,原因就在于过分热衷于为他人的私事而费尽心力地做调解。岂不知,家丑不可外扬,谁都不想让自己的家务事被他人知道,更不想让别人过分地干涉自己的事情。这种人是被盲目的"热情"所驱使,根本不知道真正应该管什么,不该管什么,他们的"热情"便常常为人们所避之唯恐不及了。

但是,爱管闲事的人都是有原因的。有的时候会出于一种内在的心理需要,这种需要是种虚荣的心理。想什么都管,什么都干涉,以此来证明自己的能力强大,只有自己才能做,别人根本处理不了。因此在生活中就想以干涉别人的事情来满足自己的心理需要,无论什么事都要按他自己的思想,将自己的行为方式强加于他人,却不知已经埋下了无穷的祸根。

人生就是一个复杂的系统,任何一个外部因素都有可能产生不可预测的结果,所以说,不要因为自己的好心或无心而给他人造成伤害,因此,人们要管好自己,少管别人的闲事。

附：调停者的职业点拨

❶ 养成每日写下自己将要做些什么的习惯，睡觉前重温自己做了些什么。

❷ 与一些鼓励你表达自己感受的人在一起。

❸ 避免小看自己，不要以为别人比自己聪明。

❹ 留心自己不知不觉地去同意别人的想法，问一问自己的观点是什么？想法是什么？

❺ 与其坚守自己的固执及反抗，倒不如清楚地讲出自己究竟不同意什么。

❻ 停止问"接着我要做什么？"而要问："我接着要完成什么？"无论有多少人和事在干扰自己，最重要的是自律地完成眼前的工作。

❼ 不要再迎合每一个人的意见。

❽ 留心自己对于改变的不自在，开始接受世事常变。

❾ 定下目标，写下行动计划，有清楚的时间限制及寻求他人支持自己的目标。